Umsetzung der IEC/IEEE 82079-1 Ed. 2

Unter Berücksichtigung anderer
branchenspezifischer Normen

Bibliografische Information der Deutschen Nationalbibliothek
Die Deutsche Nationalbibliothek verzeichnet diese Publikation in der Deutschen Nationalbibliografie; detaillierte bibliografische Daten sind im Internet über https://portal.dnb.de/opac.htm abrufbar.

tcworld GmbH
Heilbronner Str. 86
70191 Stuttgart
Telefon +49 711 65704-0
E-Mail info@tekom.org
www.tekom.de

ISBN 978-3-944449-87-6 Softcover mit IEC/IEEE 82079-1
ISBN 978-3-944449-88-3 E-Book PDF
ISBN 978-3-96393-086-7 Bundle E-Book PDF und Softcover mit IEC/IEEE 82079-1
ISBN 978-3-96393-079-9 Softcover mit DIN EN IEC/IEEE 82079-1 (VDE 0039-1)
ISBN 978-3-96393-087-4 Bundle E-Book PDF und Softcover mit DIN EN IEC/IEEE 82079-1 (VDE 0039-1)

Lektorat: Alexander Kurz, Redaktionsbüro Kurz, Stuttgart
Layout: Elisabeth Gräfe, www.fraugraefe.de
Druck: Libri Plureos GmbH, Friedensallee 273, 22763 Hamburg

Umsetzung der IEC/IEEE 82079-1 Ed. 2

Unter Berücksichtigung anderer branchenspezifischer Normen

Erstellt von
Martin Tillmann
Michael Fritz / Claudia Klumpp / Martin Rieder /
Roland Schmeling / Stephan Schneider

Inhalt

1 Einleitung

Die *IEC/IEEE 82079-1 Edition 2 Preparation of information for use (instructions for use) of products – Part 1: Principles and general requirements* hat sich seit dem Erscheinen der ersten Edition im Jahr 2012 zur wichtigsten Norm im Bereich Technische Kommunikation entwickelt. Als sogenannte Horizontalnorm ist sie branchenübergreifend für alle Arten von Produkten anwendbar.

Hinweis:
Der Kommentar bezieht sich im Folgenden immer auf die Edition 2, ohne das gesondert zu erwähnen.

1.1 Warum wurde die Norm überarbeitet?

Grundsätzlich unterliegen Normen einem fünfjährigen Prüfungs- und Überarbeitungszyklus. Für die IEC 82079-1 wurde die Überarbeitung bereits 2014 angestoßen. Im sogenannten Review Report wurden die Eckpfeiler für die Überarbeitung festgelegt: Nicht nur Revisionsfehler, wie z. B. falsche Referenzen, sollten beseitigt werden; von Anfang an war klar, dass dies eine umfassende Überarbeitung werden sollte, die in der ersten Edition nicht mehr berücksichtigte Fragestellungen umfassend aufgreift sowie wesentliche Verbesserungen, neue Inhalte und neue Erkenntnisse aus der Praxis berücksichtigt.

Die Struktur wurde als eine wesentliche Schwäche der Norm identifiziert. Viele zusammengehörende Themen und Aspekte waren über die gesamte Norm verteilt, was zu Unübersichtlichkeit und einer geringen Benutzerfreundlichkeit führte. Darüber hinaus sollte die Verständlichkeit der Norm verbessert werden, da Passagen identifiziert wurden, die unverständlich oder nicht eindeutig formuliert waren.

Inhaltlich wurden im Review Report teilweise auch neue Themen genannt, denen die überarbeitete Edition mehr Gewicht geben sollte. Hierzu gehört der Prozess der Qualitätssicherung, dem – einschließlich der Definition konkreter Qualitätskriterien – mehr Raum gegeben werden sollte. Überhaupt sollte der Prozess der Informationsentwicklung detaillierter abgebildet werden. Auch sollten die gängigen Strukturierungsprinzipien und Kriterien für die Strukturierung einfließen. Einen weiteren Schwerpunkt bildete der Aufbau von Schritt-für-Schritt-Anleitungen.

1.2 Wer war an der Überarbeitung beteiligt?

Die Überarbeitung fand in einer gemeinsamen Arbeitsgruppe JWG 16 (Joint Working Group 16) der beiden Normungsorganisationen ISO (International Organization for Standardization) und IEC (International Electrotechnical Commission) statt. Grundlage der gemeinsamen Arbeit ist eine Vereinbarung der beiden Normungsorganisationen, nach der die Norm immer nur die führende Organisation im Namen trägt. Da bei der 82079-1 immer IEC die führende Organisation war, hieß die bisherige Norm IEC 82079-1, obwohl die Norm ebenso von ISO getragen wird. Dies zu wissen ist deshalb von Bedeutung, weil in einigen Branchen die Akzeptanz gegenüber einer Norm von den Normenorganisationen abhängt, die diese Norm tragen. So wird die Normung im Maschinenbau beispielsweise überwiegend von der ISO getragen, weshalb es IEC-Normen im Maschinenbau etwas schwerer haben, die erforderliche Akzeptanz zu erreichen.

An der Überarbeitung war darüber hinaus noch eine dritte große Normungsorganisation, IEEE (Institute of Electrical and Electronics Engineers), beteiligt (siehe Abbildung 1). Da nur IEC und IEEE eine Vereinbarung zur gemeinsamen Normungsarbeit haben, trägt die neue Edition nun IEC/IEEE im Namen. Das ist aus unserer Sicht sehr bedauerlich, da die Norm nach wie vor auch von der ISO getragen wird. Die Sichtbarkeit und damit die Bedeutung für den US-Markt hingegen dürfte mit dem Eintritt der IEEE gestiegen sein.

Internationale Ebene	**ISO** iso.org		**IEC** iec.ch		**IEEE*** ieee.org
Nationale Ebene weltweit	**DIN** din.de	**SAC** sac.gov.cn	**SA** standards.org.au	**ANSI** ansi.org	**JIS** jisc.go.jp (und weitere Org.)
Europa	**CEN** cen.eu		**CENELEC** cenelec.eu		
Nationale Ebene in Europa	**ASI** austrian-standards.at	**UNI** uni.com	**DS** ds.dk	**SFS** sfs.fi	**BSI** bsigroup.com (und weitere Org.)
	DIN din.de		**DKE VDE** dke.de		

* Besonderheit: IEEE (Institute of Electrical and Electronics Engineers) ist als einer der weltgrößten Berufsfachverbände auf der internationalen Ebene dabei.

Abbildung 1: Normungsorganisationen international und national

Die folgende Übersicht in Abbildung 2 zeigt die zeitliche Abfolge der Arbeit der JWG 16. Nebenbei bemerkt: Viele der Beteiligten der JWG sind ehrenamtlich tätig, was sich durchaus auch auf die Zusammensetzung des Gremiums auswirkt.

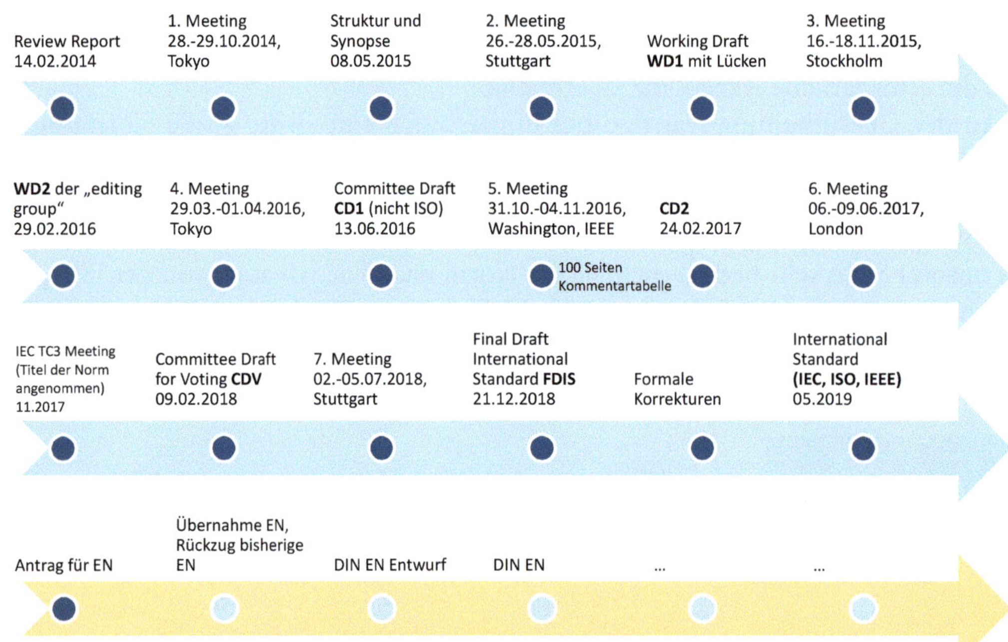

Abbildung 2: Überarbeitung der Norm in zeitlicher Abfolge

Insgesamt arbeiteten an der Überarbeitung 21 Experten aus neun Ländern mit. Darüber hinaus kommentierten Experten aus vielen weiteren Ländern die Normentwürfe und trugen so dazu bei, dass die Norm international Anwendung finden kann.

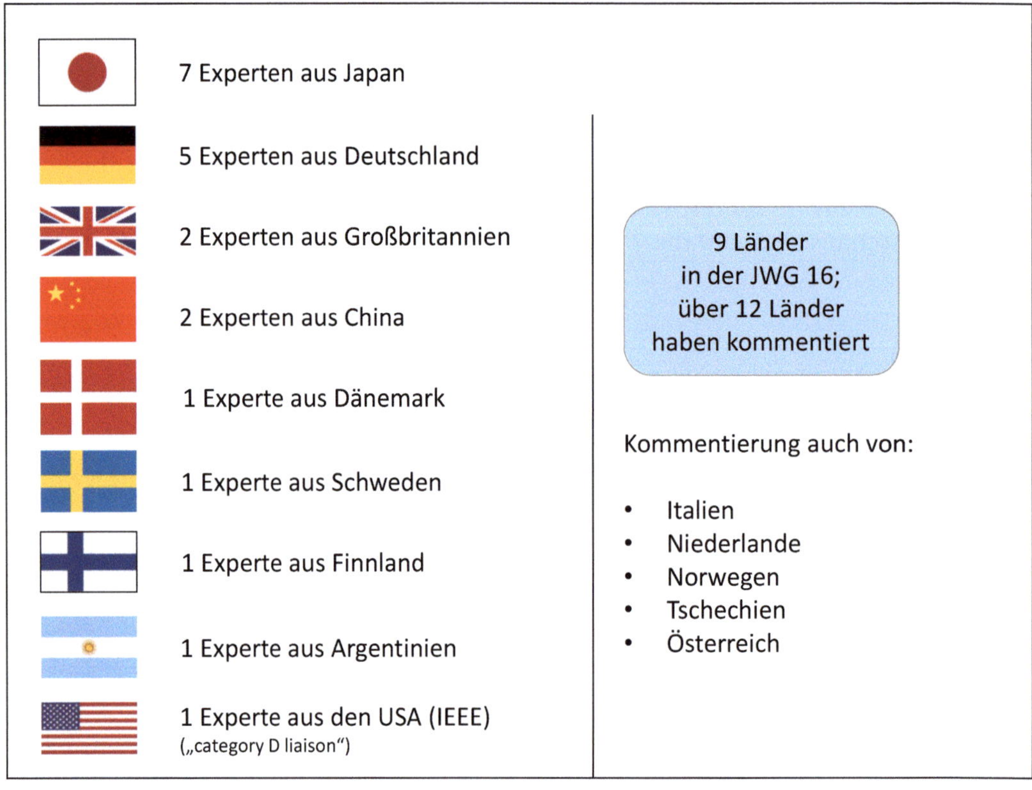

Abbildung 3: Zusammensetzung der Joint Working Group 16 nach Herkunftsländern

1.3 Die Beteiligung der tekom und die Beteiligung der Autoren im Speziellen

Die tekom war noch nie so intensiv in ein Normungsprojekt involviert wie in diese Überarbeitung. Die tekom war direkt durch Dr. Michael Fritz und Dr. Claudia Klumpp vertreten. Frau Dr. Klumpp übernahm 2017 die Convenorschaft, also die Leitung der Arbeitsgruppe. Roland Schmeling und Stephan Schneider arbeiteten ebenfalls maßgeblich als Experten in der internationalen Arbeitsgruppe mit.

Martin Tillmann, der Hauptautor des Leitfadens, arbeitete maßgeblich im deutschen Spiegelgremium der IEC/IEEE 82079-1, dem DEK GUK 113.1, mit. Martin Rieder wiederum ist Experte der internationalen Arbeitsgruppe ISO TC 199 WG5, in der die *ISO 20607 Safety of machinery – Instruction handbook – General drafting principles* erarbeitet worden ist.

Das Hintergrundwissen der Autoren über den gesamten Überarbeitungsprozess und über die vielen Diskussionen, wie z. B. über die Entwicklung des neuen Konzepts der „information for use“, ist in diesen Praxisleitfaden eingeflossen.

1.4 Wer ist die Zielgruppe dieses Praxisleitfadens?

Die Zielgruppe ist identisch mit der Zielgruppe der Norm selbst: Der Praxisleitfaden richtet sich an alle, die für die Konzeption, Erstellung, Erhaltung, Übersetzung, Lokalisierung, Integration von Inhalten, Herstellung und Bereitstellung von Nutzungsinformationen verantwortlich oder daran beteiligt sind.

1.5 Regelungsgehalt der Norm und Neuerungen

Die IEC/IEEE 82079-1 ist nach der Neustrukturierung nun in folgende Abschnitte gegliedert:

(1) Anwendungsbereich
(2) Normative Referenzen
(3) Begriffe
(4) Erfüllung der Anforderungen (früher: Konformität)
(5) Prinzipien
(6) Informationsmanagementprozess
(7) Inhalt von Nutzungsinformationen
(8) Struktur von Nutzungsinformationen
(9) Mittel, Darstellung und Medien der Nutzungsinformationen
(10) Berufliche Kompetenzen
Annex A (informativ): Anleitung zur Bewertung der Erfüllung der Anforderungen

Der in *Abschnitt 1* geregelte Anwendungsbereich wurde zwar nicht ausgedehnt, aber ausführlicher beschrieben. Die normativen Referenzen und die Begriffsdefinitionen in den *Abschnitten 2 und 3* wurden überarbeitet, enthalten aber – abgesehen vom neuen Konzept der Nutzungsinformation – keine großen Überraschungen.

Abschnitt 4 ersetzt Abschnitt 7 (Konformität) der Vorgängerversion. Aufgrund von ISO- und IEC-Regularien wurde der Abschnitt umbenannt und nach vorne gestellt.

Abschnitt 4 über die Möglichkeiten, die Übereinstimmung mit der Norm nachzuweisen, enthält eine wesentliche Neuerung: Es kann nun nicht nur die Erfüllung der Anforderungen an die Nutzungsinformationen beansprucht werden, sondern auch die Erfüllung von Anforderungen an den Informationsmanagementprozess. Hierbei ist es dem Inverkehrbringer selbst überlassen, ob er nur die Erfüllung der Anforderungen an die Nutzungsinformationen oder auch die Erfüllung der Anforderungen an den Informationsmanagementprozess für sich beanspruchen möchte. Damit wird zugleich die Bedeutung des neuen *Abschnitts 6* mit den Anforderungen an den Informationsmanagementprozess unterstrichen. Nur für Verbraucherprodukte ist alleine die Erfüllung der Anforderungen an die Nutzungsinformation maßgeblich.

Bereits die erste Edition der Norm enthielt an unterschiedlichen Stellen Prinzipien, die der Qualität der Nutzungsinformationen dienen. Diese wurden nun in *Abschnitt 5* unter „Principles" übersichtlich zusammengefasst und klarer und einheitlicher formuliert. Dabei ist das „Prinzip des Minimalismus" neu hinzugekommen, sodass es nun sieben Prinzipien für qualitativ hochwertige Nutzungsinformationen gibt:

- Vollständigkeit
- Minimalismus
- Korrektheit
- Prägnanz
- Konsistenz
- Verständlichkeit
- Verfügbarkeit

Abschnitt 6 widmet sich voll und ganz dem Informationsmanagementprozess. Der Informationsmanagementprozess ist charakterisiert durch das Prinzip des Gebrauchs wiederholbarer Verfahren.

Es wird zwischen den vier folgenden Prozessgruppen unterschieden, die jeweils in Unterabschnitten behandelt werden:

- Analyse und Planung von Informationen (Unterabschnitt 6.2)
- Konzeption und Entwicklung, einschließlich Review, Bearbeitung und Prüfung (Unterabschnitt 6.3)
- Herstellung und Vertrieb (Unterabschnitt 6.4)
- Erhaltung, einschließlich Instandhaltung und Verbesserung (Unterabschnitt 6.5)

Der Definition und Analyse der Zielgruppe ist hierbei ein großer Unterabschnitt gewidmet. Die Zielgruppenanalyse ist keine neue Anforderung; in der Praxis hatte sich jedoch gezeigt, dass es nur wenige Organisationen gegeben hat, die eine hinreichend aussagekräftige Zielgruppenanalyse durchgeführt und in der Informationsentwicklung genutzt haben. Die ausführlichere Darstellung der Zielgruppenanalyse soll dazu beitragen, diese Situation zu verbessern.

Der Inhalt der Nutzungsinformation ist in *Abschnitt 7* abgedeckt. Insgesamt finden sich hier viele bekannte Inhalte aus der Vorgängeredition wieder. Im Detail sind jedoch etliche Neuerungen eingeflossen. So wurden beispielsweise die Anforderungen an Informationen zu Ersatzteilen und Verbrauchsmaterialien konkretisiert und die Anforderungen an den Inhalt eines Sicherheitskapitels überarbeitet.

Abschnitt 8 widmet sich der Struktur von Nutzungsinformationen und ist wesentlich ausführlicher als Unterabschnitt 5.15 in der Vorgängeredition. Der Abschnitt empfiehlt beispielsweise zur Strukturierung von Nutzungsinformationen den Gebrauch von Informationsmodellen und schlägt die drei folgenden Vorgehensweisen vor:

- Entwicklung eines Informationsmodells mithilfe einer Strukturierungsmethode
- Verwendung eines bestehenden Informationsmodells, z. B. eines Open-Source-Informationsmodells
- Anpassung eines bestehenden Informationsmodells mithilfe einer Strukturierungsmethode

Ausführliche Hilfe bietet *Abschnitt 8* für die Auswahl geeigneter Strukturierungsprinzipen. Darüber hinaus beschreibt der Abschnitt konkret und ausführlich die Struktur von Schritt-für-Schritt-Anleitungen.

Unterabschnitt 8.4 widmet sich der Navigation und Bereitstellung von Nutzungsinformationen. Die „Navigation" durch gedruckte Nutzungsinformationen ist weiterhin abgedeckt. Zentral sind jedoch die Aspekte der dynamischen Bereitstellung von Nutzungsinformationen, z. B. Kontextsensitivität und Suchfunktionen.

Abschnitt 9 geht auf verschiedene Kommunikationsmittel, Medien und die Darstellung der Nutzungsinformationen ein und trifft z. B. Aussagen zu Haltbarkeit, Verfügbarkeit und Gestaltung, einschließlich der Gestaltung von Sicherheitshinweisen und Warnhinweisen.

Darüber hinaus wurden die äußeren Nutzungsbedingungen für die Auswahl des richtigen Formats oder Mediums ins Spiel gebracht. Ist die Zielgruppe z. B. Servicetechniker für Heizungen, die typischerweise in schlecht beleuchteten Kellern unterwegs ist, ist Papier nicht die optimale Wahl.

Insgesamt enthält der *Abschnitt 9* etliche Anforderungen, die bereits in der ersten Edition der Norm enthalten waren. So ist auch die Übersicht über die Empfehlungen zu Schriftgrößen hier zu finden.

In *Abschnitt 10* wurden erstmalig aufgaben- und leistungsbezogene Kompetenzen für die Ersteller von Nutzungsinformationen angegeben sowie auch Anforderungen und Empfehlungen für die Kompetenzen von Übersetzern. In der ersten Edition der Norm gab es hierzu zwar einen kurzen Unterabschnitt (4.2); das dort vorhandene Konzept absoluter Anforderungen an die Kompetenzen wurde jedoch verworfen und durch eine prozessorientierte Kompetenzdefinition ersetzt, mit der die Unternehmen die konkreten Anforderungen an das Personal im Informationsmanagementprozess spezifisch entwickeln sollen.

1.6 Aufbau des Leitfadens

Hinweis:
Die Norm ist in „Abschnitte" und „Unterabschnitte" gegliedert. Der Leitfaden ist in Kapitel gegliedert. Dementsprechend erfolgen die Verweise auf „Abschnitte", wenn es um die Norm geht, oder auf „Kapitel", wenn sie sich auf diesen Leitfaden beziehen.

Der Leitfaden ist fokussiert auf die praktische Umsetzung der Norm. Da die Struktur der IEC/IEEE 82079-1 nachhaltig verbessert worden ist, folgt die Struktur des

Leitfadens überwiegend den Abschnitten der Norm. Allerdings geht der Leitfaden zunächst auf Abschnitte ein, die Anforderungen an die Nutzungsinformationen selbst adressieren; dies sind neben einigen Prinzipien in *Abschnitt 5* vor allem die *Abschnitte 7 bis 9*. Danach geht dieser Leitfaden auf die *Abschnitte 6 und 10* der Norm ein, die den Informationsmanagementprozess behandeln.

In KAPITEL 11 DAS VERHÄLTNIS VON IEC/IEEE 82079-1 ZU PRODUKT- UND BRANCHENSPEZIFISCHEN NORMEN behandelt der Leitfaden die praxisrelevante Frage, wie die IEC/IEEE 820791 zusammen mit anderen produktspezifischen Normen und deren Anforderungen an die Nutzungsinformationen umgesetzt werden kann. Auf ein wichtiges Beispiel – die Umsetzung der IEC/IEEE 820791 zusammen mit der ISO 20607 – geht der Leitfaden im Besonderen ein.

Die sich auf die Abschnitte der Norm beziehenden Kapitel beginnen alle mit einer Tabelle, die die „Muss-Anforderungen" des entsprechenden Abschnitts der Norm enthält. In den nachfolgenden Unterkapiteln werden dann die Anforderungen und deren Umsetzung ausführlich erläutert.

1.6.1 Muss-Anforderungen und Soll-Anforderungen

Die Muss-Anforderungen bilden den größten Teil der Anforderungen, die die Norm stellt. Die Fokussierung dieses Leitfadens auf die Muss-Anforderungen sind der Tatsache geschuldet, dass dieser Leitfaden vor allem eine Übersicht geben und den Einstieg in die Arbeit mit der Norm erleichtern soll. Sie bedeutet jedoch nicht, dass die Soll-Anforderungen irrelevant sind; vielmehr sind die Soll-Anforderungen der Norm so zu verstehen, dass eine Organisation Gründe haben sollte, von einer Soll-Anforderung abzuweichen, um die Erfüllung der Anforderungen der Norm für sich beanspruchen zu können.

In Normen werden bestimmte Formulierungen benutzt, um die Anforderungen voneinander zu unterscheiden. Dabei handelt es sich um Vorgaben der Normungsorganisationen. Der Leitfaden orientiert sich an diesen Vorgaben. Tabelle 1 gibt einen Überblick über die in der Norm und im Leitfaden verwendeten Formulierungen.

Tabelle 1: Formulierungen angelehnt an ISO/IEC Directives Part 2: 2018, Abschnitt 7 und DIN 820-2, Abschnitt 7

Requirements		**Anforderungen**	
shall	is to is required to it is required that has to only ... is permitted it is necessary needs to	muss	ist zu ist erforderlich es ist erforderlich, dass hat zu lediglich ... ist zulässig es ist notwendig ist notwendig
shall not	it is not allowed [permitted, acceptable, permissible] is required to be not is required that ... be not is not to be need not do not	soll nicht	es ist nicht erlaubt [zulässig, akzeptabel] ist erforderlich, um nicht ... zu sein ist erforderlich, dass ... nicht darf nicht sein nicht nötig nicht

Recommendations		Empfehlungen	
should	it is recommended that ought to	sollte	es wird empfohlen, dass ist in der Regel ist möglichst
should not	it is not recommended that ought not to	sollte nicht	es wird nicht empfohlen, dass sollte vermieden werden
Permissions		**Erlaubnisse**	
may	is permitted is allowed is permissible	darf	ist zugelassen ist erlaubt ist auch ... zulässig
need not	it is not required that no ... is required	braucht nicht	es ist nicht erforderlich, dass ist keine ... nötig

1.6.2 Anwendung des Leitfadens

Der Praxisleitfaden eignet sich als Einstiegslektüre, um den Regelungsgehalt der Norm zu erfassen. Durch den an der Norm orientierten Aufbau lässt sich der Leitfaden sehr gut zusammen mit der Norm lesen, um die einzelnen Abschnitte der Norm besser zu verstehen.

Dank seines an der Norm orientierten Aufbaus ist der Leitfaden auch bestens als Nachschlagewerk geeignet.

2 Wichtige Änderungen und Bezug zu anderen Normen

2.1 Paradigmenwechsel: Vom Dokument zur Information

Der Anwendungsbereich der Norm wurde mit der vorliegenden Edition 2 erheblich erweitert. War bislang die in sich geschlossene Anleitung – in der Regel ein Dokument im Sinne der Norm – der Gegenstand der Betrachtung, spricht die Norm nun von „Nutzungsinformationen". Diese Informationen müssen keine geschlossenen Dokumente mehr sein, sondern können Teil der Bedienoberfläche einer Software, Teil eines Katalogs, Nachrichten in einer App oder ein Bereich in einem Internetauftritt sein.

Dieser Paradigmenwechsel war nicht zuletzt deshalb erforderlich, weil beispielsweise moderne elektronische Medien und die in immer mehr Produkten vorhandenen Bildschirme bis hin zu Anleitungsinformationen, die über soziale Medien verbreitet werden, den herkömmlichen Begriff des Dokuments sprengen.

2.2 Titel der Norm

Dieses Umdenken von Dokumenten hin zu Informationen ist so zentral, dass es sich auch in einem geänderten Titel der Norm niederschlägt: Lautete dieser bisher „Preparation of instructions for use – Structuring, content and presentation", stellt der neue Titel die Informationen in den Vordergrund: „Preparation of Information for Use (Instructions for Use) of Products". Da eine Änderung eines Normentitels einen spürbaren Eingriff in die Normenlandschaft darstellt und gut begründet sein muss, gab es dazu entsprechend viele und intensive Diskussionen in der Arbeitsgruppe und auch im Normungsgremium.

Der Titel enthält in Klammern weiterhin den Begriff „Instructions for Use", um die Auffindbarkeit der Norm in den Datenbanken zu erleichtern; eine Norm ist abhängig von der Akzeptanz, die sie im Markt erhält, sodass die Auffindbarkeit ein wichtiges Kriterium darstellt.

Der Titel von Teil 1 der Norm (aktuell gibt es nur diesen Teil, es sind aber weitere Teile in Planung) hat sich ebenfalls geändert. Der bisherige Titel war „General principles and detailed requirements", im neuen Titel von Teil 1 sind nun die „detailed requirements" entfallen: „Principles and general requirements". Hintergrund ist, dass nun weitere Teile der Normenreihe in Angriff genommen werden sollen, die detailliertere Anforderungen für Nutzungsinformationen in besonderen Fällen enthalten. Diese setzen aber jeweils Teil 1 der Norm voraus. Aktuell geplant ist eine Norm speziell für Montageanleitungen und für Anlagendokumentation.

2.3 Anwendungsbereich

Der Anwendungsbereich der Norm (*Abschnitt 1* „Scope") hat sich mit der Edition 2 zwar im Grundsatz nicht geändert, die deutlich ausführlichere Ausformulierung – jetzt mit Bezug zu „Information" statt „Anleitung" – zeigt jedoch, dass hier

Klärungsbedarf bestand. Durch einige exemplarische Aufzählungen im Anwendungsbereich ist nun beispielsweise deutlich gemacht, dass die Norm für folgende Produkte anzuwenden ist:
- Maschinen und Anlagen
- Medizinprodukte
- Verbraucherprodukte
- Software
- Technische Dienstleistungen

Auch eine große Bandbreite von Medien ist ausdrücklich in der Norm als Anwendungsbereich erwähnt, beispielsweise:
- Service-Informationen, die als PDF verteilt werden
- Onlinehilfen einer Software
- Störungsinformationen, angezeigt auf einer Maschinensteuerung
- Funktionsbeschreibungen eines Medizinprodukts auf der Webseite des Herstellers
- Gedruckte Montageanleitungen in der Verpackung eines Verbraucherprodukts
- Planungsinformationen für einen Sensor, die zum Download bereitgestellt werden
- Tutorials als Web Based Training
- Unterlagen für ein Produkttraining
- Aufkleber auf einem Produkt

Auch Videos, die den Gebrauch von Produkten unterstützen, fallen damit in den Regelungsbereich der Norm. Auch wenn es in dieser Norm lediglich Anforderungen zur Synchronität zwischen Animationssequenzen und gesprochenem oder geschriebenen Text gibt (siehe KAPITEL 9.3), könnten diese zu einem späteren Zeitpunkt in einem weiteren Teil der Normenreihe erarbeitet werden. Die Anforderungen zum Informationsmanagementprozess, zu den Qualitätsprinzipien und zur Darstellung von Text in Videos sind sehr konkret und auf Videoproduktionen übertragbar.

2.4 Informationstypen und Informationsmanagement

Der Wechsel von der Betrachtung von Dokumenten zu Informationen bedingt, dass das Normungsgremium die Grundstruktur des Informationsmanagements in die Norm mit einfließen ließ. Dies schlägt sich insbesondere in den folgenden Stellen der Norm nieder:
- Die Einleitung („Introduction") zeigt in einer Grafik, wie verwaltete und klassifizierte Informationen in Informationsprodukten bereitgestellt werden. Bei der Klassifikation der Informationen stand das Informationsmodell von DITA (**D**arwin **I**nformation **T**ype **A**rchitecture) Pate. Dies bedeutet jedoch keine Festlegung auf das Informationsmodell von DITA.
- Die Prinzipien enthalten das Single-Source-Prinzip und fordern, dass Informationen an einer Stelle zentral gepflegt werden. Dahinter steht die Überlegung, dass redundant gepflegte Informationen stets das Risiko von Widersprüchen bergen.

- In *Abschnitt 6* der Norm sind spezifische Anforderungen an das Informationsmanagement enthalten, insbesondere an das Konfigurationsmanagement, das die Notwendigkeit einer Qualitätssicherung von Metadaten deutlich macht.
- *Abschnitt 8* fasst weitere konkrete Anforderungen an das Informationsmanagement zusammen.
- *Abschnitt 10* nennt ausdrücklich Kompetenzen im Informationsmanagement und stellt den Zusammenhang dieser Kompetenzen mit den Bereichen Verständlichkeit und Produktsicherheit her.

2.5 Die IEC/IEEE 82079-1 als Horizontalnorm

Die IEC/IEEE 82079-1 hat den Status einer Horizontalnorm. Nach der Definition von IEC ist eine Horizontalnorm eine Norm über Grundprinzipien, Konzepte, Terminologie oder technische Merkmale, die für eine Reihe von Normungs-Fachausschüssen relevant und von entscheidender Bedeutung für die Gewährleistung der Kohärenz der Gesamtheit der Normen ist. Bereits im Anwendungsbereich wird die Stellung der IEC/IEEE 82079-1 deutlich. Ausdrücklich erwähnt wird hier das Verhältnis zu sektor- oder produktspezifischen Normen wie beispielsweise zur IEC 60335 für elektrische Produkte im Haushalt, zur ISO 20607 für Betriebsanleitungen von Maschinen und zur ISO/IEC 26514 für Software-Anleitungen, die zurzeit überarbeitet wird und künftig besser mit der IEC/IEEE 82079-1 verzahnt werden soll.

Diese exemplarische Auflistung von Normen im Anwendungsbereich ist bei Weitem nicht erschöpfend. So gibt es beispielsweise zahlreiche Normen über handgeführte Elektrowerkzeuge mit detaillierten Anforderungen an Anleitungen oder die ISO 20417 über Gebrauchsanweisungen für Medizinprodukte.

Die IEC/IEEE 82079-1 soll parallel zu den jeweiligen sektor- oder produktspezifischen Normen angewendet werden und eine fundierte Grundlage aus der Sicht der Technischen Kommunikation bilden. Insbesondere die Prinzipien und die Anforderungen an den Informationsmanagementprozess dürften sich in anderen Standards kaum finden.

Das folgende Kapitel 2.6 befasst sich genauer mit dem Verhältnis zwischen der IEC/IEEE 82079-1 und anderen sektor- bzw. produktspezifischen Normen.

2.6 Verweise auf andere Normen

In *Abschnitt 2* „Normative references“ der Norm sind Normen aufgelistet, die an anderer Stelle in der IEC/IEEE 82079-1 im Zusammenhang mit bestimmten Anforderungen genannt werden. Soweit diese Anforderungen zu erfüllen sind, müssen die in *Abschnitt 2* genannten Normen ebenfalls vorliegen und berücksichtigt werden. Dies sollte jedoch von der konkreten Anforderung abhängig gemacht werden.

Schließlich finden sich über 50 weitere Normen in der IEC/IEEE 82079-1, auf die informativ verwiesen wird. Informative Verweise können daran erkannt werden, dass sie nicht in direktem Zusammenhang mit der Erfüllung von Anforderungen erwähnt und in der Bibliografie am Ende der Norm gelistet sind – und nicht unter *Abschnitt 2* „Normative references“. Es bietet sich an, die Bibliografie zu prüfen, um gegebenenfalls dadurch weitere relevante Normen zu identifizieren.

Die Tatsache, dass eine Norm nicht aufgeführt ist, bedeutet nicht, dass sie irrelevant wäre, und die Anforderung nach einer Normenrecherche (Unterabschnitt 6.2.5 „Information sources“) sollte hier durchaus ernst genommen werden. So ist beispielsweise die für die Gestaltung von Sicherheits- und Warnhinweisen, Warnschildern und Warnpiktogrammen wichtige Normenreihe ANSI Z535 als US-amerikanischer Standard nicht ausdrücklich aufgeführt, obwohl sich die inhaltlichen Regelungen der IEC/IEEE 82079-1 im Bereich der Sicherheits- und Warnhinweise stark an der ANSI Z535 orientieren und mit ihr kompatibel sind.

3 Wichtige Begriffsfelder

Abschnitt 3 „Terms and definitions" der Norm enthält zwar keine Anforderungen, ist aber für das Verständnis der Norm von erheblicher Bedeutung, denn die Benennungen in der Norm sind so zu verstehen, wie sie in *Abschnitt 3* definiert sind. Die Benennungen können von einem allgemeinen oder intuitiven Verständnis oder auch von Definitionen in anderen Normen und Regelwerken durchaus abweichen.

Für eine bessere Übersicht über die definierten Begriffe sind hier die Definitionen in den folgenden Begriffsfeldern zusammengestellt und bei Bedarf erläutert:

- Dokumente und Informationsprodukte (information for use usw.)
- Ziel- und Nutzergruppen
- Produkte (product, plant, system, component, and equipment)
- Informationsstrukturen (topic and information model)
- Prozess
- Sicherheit
- Qualität

3.1 Dokumente und Informationsprodukte

Verwendete Definitionen: document (3.10), documentation (3.11), graphical symbol (3.13), illustration (3.16), information for use (3.17), information product (3.19), label (3.22), marking (3.24).

Während sich der Begriff „information for use" auf jegliche unter die Norm fallenden Informationen als solche bezieht, sind die Begriffe „Informationsprodukt" (information product), „Dokument" (document) und „Dokumentation" bzw. „Sammlung von Dokumenten" (documentation – in der Norm auch als Oberbegriff verwendet) als publizierte Informationen zu verstehen, die bereits in ein Medium eingebettet sind. Ein Dokument ist dabei eine definierte und strukturierte Menge von Informationen, die als feste Einheit ausgetauscht werden kann. Ein Anleitungsvideo kann also ein Dokument sein. „Informationsprodukt" (information product) ist der allgemeinste Begriff in diesem Kontext; so kann ein Informationsprodukt Teil eines Dokuments, ein Dokument oder eine gesamte Dokumentation sein.

Grafische Symbole (graphical symbols) werden unterschieden von Sicherheitszeichen (safety signs), die eine spezielle Gruppe von Symbolen bilden.

3.2 Ziel- und Nutzergruppen

Verwendete Definitionen: target audience (3.42) und user (3.47), competent person (3.3) und skilled person (3.36), consumer (3.7), customer (3.9) und supplier (3.39).

Die „Zielgruppe" (target audience) ist ein zentraler Begriff der Norm und wird ca. 100-mal in der Norm verwendet. Zahlreiche Anforderungen beziehen sich auf die Zielgruppe, was die Bedeutung der Zielgruppe stark unterstreicht. Der Begriff „Nutzer" (user) ist umfassender: Während der Nutzer jede Person ist, die mit einem Produkt interagiert, bezieht sich die Zielgruppe lediglich auf die Personengruppen, für die der „Hersteller" (supplier) die „Nutzungsinformationen" (information for use) bestimmt hat. Allerdings werden die Bezeichnungen „user" und „target audience" in der Norm nicht ganz trennscharf verwendet.

3.3 Produkte

Verwendete Definitionen: component (3.4), consumable (3.6), consumer product (3.8), equipment (3.12), plant (3.27), product (3.28), self-assembly product (3.35), supported product (3.40), system (3.41).

Der Begriff „Produkt" (product) ist ein Oberbegriff für alle anderen Begriffe dieses Begriffsfelds und bezeichnet alle Ergebnisse von Arbeit oder natürlichen oder künstlichen Prozessen, auch wenn die Ergebnisse nur beabsichtigt oder lediglich geplant sind.

Das „System" (system) besteht aus Elementen, die zusammenwirken und in einem Kontext von der Umgebung unterschieden sind. Eine „Anlage" (plant) ist ein Verbund von Systemen an einem bestimmten Ort und wird im Normtext gewöhnlich als „komplexes System" (complex system) bezeichnet (Unterabschnitte 7.10.11 und 7.13). Um die komplexen Hierarchien einer Anlage zu beschreiben, wird neben den Begriffen „System" und „Komponente" (component) auch der Begriff „Teilsystem" (subsystem) verwendet, er taucht aber in den Definitionen nicht separat auf.

3.4 Informationsstrukturen

Verwendete Definitionen: information model (3.18), step-by-step instructions (3.38), topic (3.43).

Hilfreich zum Verständnis des Begriffes „Informationstyp" (information type) ist die Abbildung 1 in der Einleitung der Norm.

Ein „Topic" im Sinne der Norm ist, grob gesagt, ein kohärenter Teil eines Informationsprodukts mit einer Überschrift, das ein Thema behandelt. Im Rahmen eines „Informationsmodells" (information model) kann jedes Topic einem bestimmten „Informationstypen" (information type) zugeordnet werden. Der Begriff Informationstyp wird im Unterabschnitt 5.2.1 eingeführt und im Unterabschnitt 8.2 der Norm weiter verwendet. Schritt-für-Schritt-Anleitungen (step-by-step instructions) können als ein spezifischer Informationstyp betrachtet werden.

3.5 Prozess

Verwendete Definitionen: commissioning (3.2), maintenance (3.23), repair (3.31), step (3.37), use (3.45), use case (3.46).

Der Begriff „Anwendungsfall" (use case) wird in der Norm für Systeme und ihre Interaktion mit Nutzern verwendet und taucht im Zusammenhang mit dem Risikomanagement (Unterabschnitt 6.2.7) und den Informationstypen (Unterabschnitt 8.2) auf. An anderen Stellen der Norm wird das Zusammenspiel von Produkt und Nutzer mit den Begriffen „Aufgabe" (task) und „Ziel" (goal) beschrieben.

Die übrigen Begriffe bedürfen keiner weiteren Erläuterung an dieser Stelle, sollten jedoch im Zusammenhang gesehen werden.

3.6 Sicherheit

Verwendete Definitionen: consequence (3.5), harm (3.14), hazard (3.15), personal protective equipment (3.26), product safety label (3.29), reasonably foreseeable misuse (3.30), risk (3.32), safety note (3.33), safety sign (3.34), usability (3.44), warning message (3.48).

Die Begriffe bedürfen keiner weiteren Erläuterung an dieser Stelle, sollten jedoch im Zusammenhang gesehen werden.

3.7 Qualität

Verwendete Definitionen: accessibility (3.1), information quality (3.20), minimalism (3.25).

Die Begriffe bedürfen keiner weiteren Erläuterung an dieser Stelle, sollten jedoch im Zusammenhang gesehen werden.

4 Erfüllung der Anforderungen der Norm

Für den Nachweis der Erfüllung der Anforderungen der Norm an die Nutzungsinformation wird in der Norm grundsätzlich zwischen Produkten, die für den gewerblichen Gebrauch bestimmt sind (B-to-B-Produkte), und solchen, die für den Verbraucher bestimmt sind (B-to-C-Produkte), unterschieden.

- Bei B-to-B-Produkten kann der Hersteller (bzw. Inverkehrbringer) entscheiden, ob er die strengeren Anforderungen an die Nutzungsinformationen oder die Anforderungen an den Informationsmanagementprozess oder beides erfüllt.
- Bei B-to-C-Produkten ist aufgrund der höheren Schutzanforderungen für Verbraucher nur die Erfüllung der Anforderungen an die Nutzungsinformationen vorgesehen.

Liste zum Nachweis der Erfüllung der Anforderungen der Norm

Unterabschnitt	Zu prüfende Anforderung	Notizen
4.1 Prüfung	– Für alle Produkte außer Verbraucherprodukte: ▹ Die Anforderungen an Informationsmanagementprozesse in Unterabschnitt 5.4, Abschnitt 6 und Abschnitt 10 sind erfüllt UND/ODER ▹ Die Anforderung an Nutzungsinformationen in den Abschnitten 5.2, 5.3, 7, 8 und 9 sind erfüllt – Für Verbraucherprodukte: ▹ Die Anforderung an Nutzungsinformationen in den Abschnitten 5.2, 5.3, 7, 8 und 9 sind erfüllt	
4.2 Bewertung	Abschnitt enthält keine Anforderungen, nur Empfehlungen	
4.3 Nachweis	– Die Aufzeichnungen über die Prüfung müssen die folgenden Punkte umfassen: ▹ Die zur Verwendung vorgesehenen Informationen und alle Verpackungen ▹ Die bewertete Sprachversion ▹ Informationen, ob die Produktprobe vollständig montiert geliefert wurde oder im Rahmen der Bewertung der Nutzungsinformationen zusammengestellt wurde ▹ Name des Unternehmens oder der Person(en), die die Bewertung durchgeführt hat/haben	

Bei der Prüfung auf die Erfüllung der Anforderungen dieser Norm müssen alle Informationen, die das Produkt betreffen, einbezogen werden. Das beinhaltet auch alle Informationen zur Vermarktung des Produkts in jedweder Form (auch in elektronischer Form oder auf der Webseite). Die Prüfung der Anleitung alleine genügt demnach in der Regel nicht als Nachweis für die Erfüllung der Anforderungen; es müssen gegebenenfalls zusätzlich die Kurzanleitung, die Informationen auf der Verpackung und dem Produkt selbst, die Informationen, die von der Steuerung auf einem integrierten Bildschirm angezeigt werden, Anleitungsvideos und Informationen auf Webseiten, Katalogen und in Broschüren einbezogen werden. Dies ist allein schon deshalb sinnvoll, weil Widersprüche zwischen diesen Informationen zu Missverständnissen und Fehlbedienungen führen können.

Speziell bei Verbraucherprodukten legt die Norm einen empirischen Test nahe, der auch mit Personen durchgeführt werden soll, die mit dem Produkt nicht vertraut sind. Im Anhang A der Norm sind dazu weitere Hilfestellungen enthalten. In der Praxis haben sich Anwendungstests jedoch auch mit B-to-B-Produkten und ihren Anleitungen bewährt, um die Benutzerfreundlichkeit von Produkt und Anleitung zu verbessern. Diese Empfehlung war bereits in der ersten Fassung der IEC 82079-1 enthalten.

Weitere Erwägungen sind die hinreichende Kompetenz und Unabhängigkeit des prüfenden Personals.

Abbildung 4 veranschaulicht die Anforderungen der Norm bezüglich der Überprüfung der Übereinstimmung mit der Norm, abhängig davon, für welche Zielgruppe die Nutzungsinformation bestimmt ist.

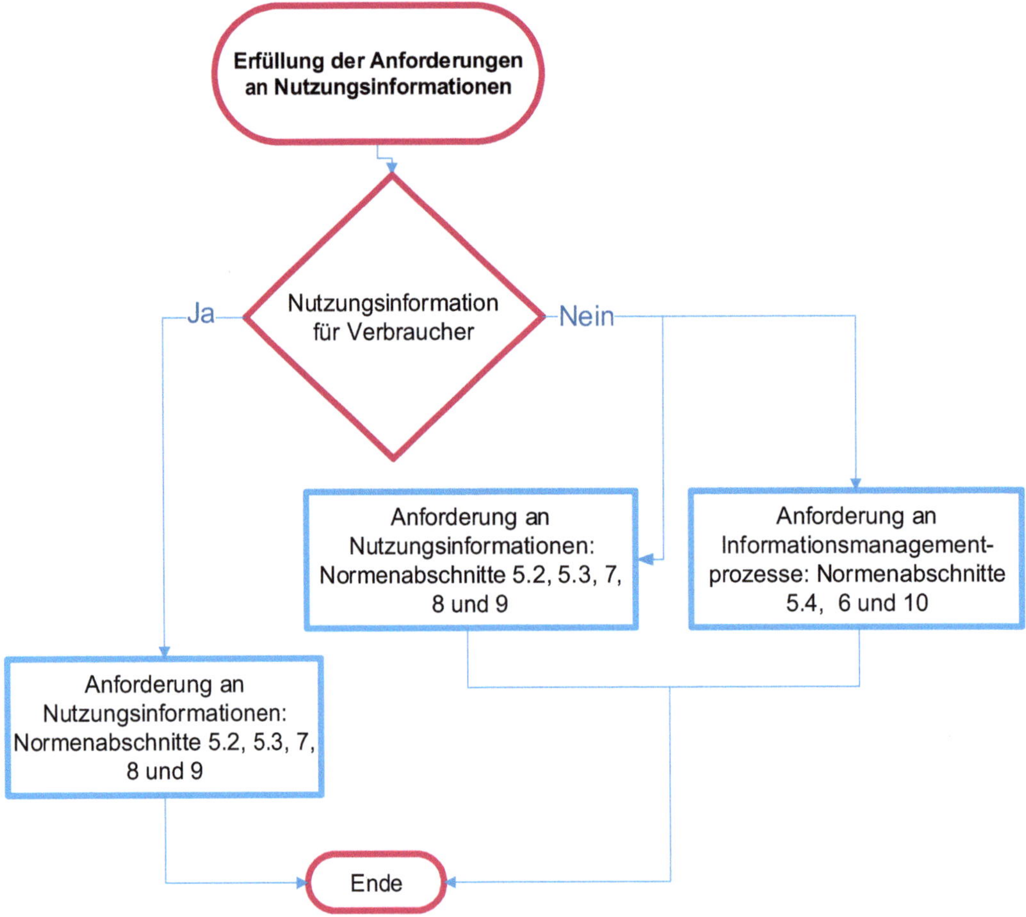

Abbildung 4: Nachweis von Anforderungen an die Norm

5 Prinzipien

5.1 Allgemeines

Die Prinzipien spielen in der Norm eine zentrale Rolle, die sich in einer Aussage aus dem Anhang A.2.2 der Norm gut niederschlägt: „Where fulfilment of a specific requirement is incomplete, but overall the information for use is judged as fulfilling Clauses 8 and 9, the reasons should be explained in the record, referring to the principles in Clause 5.“ Wenn also detaillierte Anforderungen der Norm nicht vollständig erfüllt sind, insgesamt aber die Anforderungen als erfüllt angesehen werden können, so kann mithilfe der Prinzipien die Erfüllung der Norm begründet werden. Damit stehen die Prinzipien gewissermaßen über den detaillierten Anforderungen und eine Abweichung in einem Detail ist akzeptabel, wenn die Prinzipien befolgt sind.

Liste der Anforderungen zu den Prinzipien

Unterabschnitt	Zu prüfende Anforderung	Notizen
Einhaltung allgemeiner Prinzipien		
5.2.1 Allgemeines	– Die Nutzungsinformationen enthalten die für die Zielgruppe erforderlichen Informationen für einen sicheren, effizienten und effektiven Gebrauch des Produkts	
5.2.2 Produktbestandteil	– Die Nutzungsinformationen haben die gleiche Aufmerksamkeit und Bedeutung erhalten wie jeder andere Teil des Produkts – Die Nutzungsinformationen können leicht und deutlich dem unterstützten Produkt zugeordnet werden	
5.2.3 Zielgruppenorientierung	– Die Nutzungsinformationen sind im Hinblick auf die zu erwartenden Aufgaben und Ziele der Zielgruppe für diese relevant und nutzbar	
5.2.4 Sicherer Gebrauch	– Die Nutzungsinformationen fördern den sicheren Betrieb und die sichere Instandhaltung des unterstützten Produkts	
5.2.5 Produktkonformität	Abschnitt enthält keine Anforderungen, sondern Aussage	
Einzuhaltende Prinzipien zur Sicherstellung der Informationsqualität		
5.3.2 Vollständigkeit	– Die Nutzungsinformationen sind vollständig. Hierzu müssen die Nutzungsinformationen folgende Aspekte abdecken: ▷ Die beim Gebrauch des Produkts bestehenden Risiken ▷ Alle von der Zielgruppe während des gesamten Produktlebenszyklus durchzuführenden und erlaubten Aufgaben ▷ Den Informationsbedarf der Zielgruppe ▷ Alle rechtlichen Verpflichtungen, darunter auch ▷ Die vertraglichen Anforderungen	
5.3.3 Minimalismus	– Die Nutzungsinformationen sind minimalistisch gehalten – Sicherheitsbezogene Informationen wurden bei Bedarf wiederholt (als Ausnahme vom Prinzip des Minimalismus)	

Unterabschnitt	Zu prüfende Anforderung	Notizen
5.3.4 Korrektheit	– Die Nutzungsinformationen sind fachlich korrekt – Die Nutzungsinformationen enthalten die neuesten Informationen zum unterstützten Produkt	
5.3.5 Prägnanz	– Die Nutzungsinformationen sind in Hinblick auf Inhalt, Darstellung und Medien prägnant: ▹ Formulierungen sind kurz und präzise ▹ Illustrationen enthalten keine unnötigen Einzelheiten ▹ Videos sind auf relevante Inhalte beschränkt	
5.3.6 Konsistenz	– Die Nutzungsinformationen sind in Hinblick auf Inhalt, Darstellung und Medien konsistent	
5.3.7 Verständlichkeit	– Die Nutzungsinformationen sind für die Zielgruppe verständlich: ▹ Die verwendeten Texte und die verwendete Terminologie sind für die Zielgruppe verständlich ▹ Die verwendeten Illustrationen, Sicherheitszeichen und grafischen Symbole sind für die Zielgruppe verständlich ▹ Die Methoden für die Navigation und den Gebrauch der Medien sind für die Zielgruppe verständlich	
5.3.8 Verfügbarkeit	– Die Nutzungsinformationen sind für die Zielgruppe im konkreten Gebrauchskontext verfügbar – Die Nutzungsinformationen sind während der erwarteten Lebensdauer des unterstützten Produkts für die Zielgruppe verfügbar	
5.4 Gebrauch wiederholbarer Verfahren	Prozessanforderung, siehe Einschub 5.4 am Ende von KAPITEL 6	

5.2 Zweck der Nutzungsinformation

5.2.1 Allgemeines

Zur Erfüllung der Norm ist es allgemein notwendig, dass die Nutzungsinformation alle erforderlichen Informationen für einen sicheren, effizienten und effektiven Gebrauch enthalten.

Sicher: Die Nutzungsinformation muss alle Hinweise enthalten, die in der Risikobeurteilung als Restrisiken erkannt werden. Zur Integration von Sicherheitshinweisen und Warnhinweisen siehe KAPITEL 7.11.

Effizient: Effizienz bezeichnet das Verhältnis zwischen dem Erfolg und dem Aufwand. Die Nutzungsinformation ist also so zu gestalten, dass der Nutzer das Produkt mit möglichst geringem Aufwand erfolgreich nutzen kann.

Effektiv: Die Effektivität bezeichnet das Verhältnis vom erreichten Ziel zum definierten Ziel. Die Nutzungsinformation ist also so zu gestalten, dass das definierte Ziel möglichst gleich dem erreichten Ziel ist.

Um diesen Zwecken gerecht zu werden, müssen die Nutzungsinformationen zur Einhaltung der Norm folgende Informationstypen bereitstellen:

- Beschreibende Informationen: Beschreibungen, Erläuterungen und Konzepte, die zielgruppengerecht die Funktion und den Zweck bestimmter Aufgabenstellungen erklären
- Anweisende Informationen: Verfahren und aufgabenorientierte Schritt-für-Schritt-Anleitungen (zur Strukturierung siehe auch Unterabschnitt 8.3.4 der Norm und KAPITEL 8.3 des Leitfadens)
- Referenzielle Informationen: ausführliche Informationen zu gelegentlich durchzuführenden Handlungen. Das können unter anderem Informationen zur Behebung von Störungen sein

5.2.2 Nutzungsinformation als Teil des Produkts

Die Norm verlangt, dass Nutzungsinformationen die gleiche Aufmerksamkeit und Bedeutung zukommen müssen wie jedem anderen Teil des Produkts. Darüber hinaus müssen die Nutzungsinformationen dem Produkt leicht und deutlich zugeordnet werden können (siehe KAPITEL 7.2).

5.2.3 Zielgruppenorientierung

Die Norm verlangt, dass Nutzungsinformationen im Hinblick auf ihre erwarteten Aufgaben und Ziele für die Zielgruppen nutzbar und relevant sein müssen.

Zur Realisierung dieser Anforderung ist eine Zielgruppenanalyse (siehe KAPITEL 6.2.2) unerlässlich.

Hinweis:
Weitere Informationen zur Zielgruppenanalyse siehe ISO/IEC 26514.

5.2.4 Sicherer Gebrauch des unterstützten Produkts

Der sichere Gebrauch des Produkts ist eines der wichtigsten Prinzipien zur Erfüllung der Norm.

Die Nutzungsinformationen müssen den sicheren Betrieb (siehe KAPITEL 7.10.7) und die sichere Instandhaltung (siehe KAPITEL 7.10.10) fördern und dazu beitragen, das Verletzungsrisiko zu reduzieren sowie das Risiko von ineffizientem Gebrauch, Fehlfunktionen und Geräteschäden zu verringern.

Alle inhaltlichen Anforderungen der Norm siehe KAPITEL 7.

5.2.5 Produktkonformität durch die Nutzungsinformation

Die Norm gibt Auskunft darüber, dass die Nutzungsinformationen Teil des Produkts sind. Im Rahmen der Produkt-Compliance sind sie im Allgemeinen für folgende Rechtsgebiete relevant:
- Produktsicherheitsrecht
- Produkthaftung
- Vertragsrecht

5.3 Informationsqualität

5.3.1 Allgemeines

Die Norm fordert, dass Nutzungsinformationen den Qualitätsmerkmalen Vollständigkeit, Minimalismus, Korrektheit, Prägnanz, Konsistenz, Verständlichkeit und Verfügbarkeit entsprechen müssen. Diese Forderungen werden im Folgenden konkretisiert.

5.3.2 Vollständigkeit

Zur Erreichung der Vollständigkeit ist es gemäß der Norm notwendig, dass die Nutzungsinformationen folgende Aspekte abdecken:

- Die beim Gebrauch des Produkts bestehenden Risiken
  Die Hinweise hierzu sind in erster Linie der Risikobeurteilung des Herstellers zu entnehmen, die dieser parallel zum Entwicklungs-, Konstruktions- und Herstellungsprozess erstellt.
- Alle von der Zielgruppe während des gesamten Produktlebenszyklus durchzuführenden und erlaubten Aufgaben
  Hinweise hierzu sind – außer der Zielgruppenanalyse – ebenfalls der Risikobeurteilung und/oder der Produktanalyse des Herstellers zu entnehmen.
- Der Informationsbedarf der Zielgruppe
  Hinweise hierzu liefert die Zielgruppenanalyse (siehe KAPITEL 6.2.2).
- Alle rechtlichen Verpflichtungen, darunter auch die vertraglichen Anforderungen

Das gesamte Unternehmen sollte in die Recherche zur Vollständigkeit einbezogen werden. Insbesondere wird dazu geraten, die Abteilungen Forschung/Entwicklung, Konstruktion, Marketing und Vertrieb einzubinden. Es ist zu bedenken, dass Vollständigkeit auch sicherheitsbezogene Aspekte aufweisen kann.

Im Hinblick auf die vertraglichen Anforderungen darf nicht vergessen werden, zu prüfen, ob mit dem Kunden die Einhaltung der Norm vereinbart worden ist, und wenn ja, mit welcher Version. Bei einem Wechsel auf die neuere oder nationale Version sollte die Vereinbarung mit dem Kunden angepasst werden.

5.3.3 Minimalismus

Nutzungsinformationen müssen nach der Norm minimalistisch gehalten werden. Das heißt, dass auf weitschweifende Erklärungen und Füllwörter genauso verzichtet werden soll wie auf Redundanzen. Lediglich sicherheitsbezogene Informationen dürfen laut Norm bei Bedarf wiederholt werden.

5.3.4 Korrektheit

Nach der Norm ist es erforderlich, dass in den Nutzungsinformationen die neuesten Informationen zum Produkt fachlich korrekt wiedergegeben werden.

Zur Gewährleistung dieser Anforderung ist eine Produktbeobachtung und eine Versionierung der Nutzungsinformation bei Änderung des Produkts notwendig.

5.3.5 Prägnanz

Die Norm verlangt, dass Nutzungsinformationen im Hinblick auf Inhalt, Format und Medien prägnant sein müssen.

Als prägnant im Hinblick auf den Inhalt und die Präsentation erwähnt die Norm folgende Aspekte:

- Formulierungen sind kurz und präzise
  Diese Anforderung korrespondiert auch mit den Forderungen zum Minimalismus (siehe KAPITEL 5.3.3) und zur Korrektheit (siehe KAPITEL 5.3.4).
- Texte und Illustrationen enthalten keine unnötigen Einzelheiten oder Details
- Videos sind auf relevante Inhalte beschränkt

5.3.6 Konsistenz

Die Nutzungsinformationen müssen laut Norm in Hinblick auf Inhalt, Darstellung und Medien konsistent sein.

Konsistenz bedeutet laut Norm im Hinblick auf den Inhalt, dass die Informationen z. B. eindeutig und korrekt sind (siehe KAPITEL 5.3.4). Konsistenz in Hinblick auf Format und Medien bedeutet insbesondere einheitliche Terminologie (siehe KAPITEL 7.5), Maßeinheiten (siehe Normenreihe ISO/IEC 80000), Strukturen und Angaben (das heißt Überschriften, Titel), Symbole, Warnhinweise (siehe KAPITEL 7.11) sowie den Einsatz einheitlicher Farben (siehe KAPITEL 9.13).

Um Konsistenz zu erreichen, sollten laut der Norm Systeme für konsistente Formatierung von Systemen für konsistenten Inhalt getrennt sein. Das heißt, dass idealerweise zunächst der (konsistente) Inhalt erfasst und dann – hiervon getrennt – die (konsistente) Formatierung bestimmt wird.

5.3.7 Verständlichkeit

Die Norm erwartet, dass Nutzungsinformationen für die Zielgruppe verständlich sind. Dazu sollen insbesondere

- die verwendeten Texte und die verwendete Terminologie,
- die verwendeten Illustrationen, Sicherheitszeichen und grafischen Symbole sowie
- die Methoden zur Navigation und zum Mediengebrauch

den (kulturbedingten) Vorstellungen, Nutzungsgewohnheiten und dem Bildungsniveau der Zielgruppe entsprechen.

5.3.8 Verfügbarkeit

Die Norm verlangt, dass die Nutzungsinformationen während der zu erwartenden Lebensdauer des Produkts für die Zielgruppe verfügbar (z. B. technisch zugänglich und lesbar) sind.

Zur Erfüllung dieser Anforderung sollte im Rahmen der Produktbeobachtung erörtert werden, wie die Zielgruppe mit den Nutzungsinformationen zu dem Produkt umgeht.

Hinweis:
Bei der Hinterlegung von Nutzungsinformationen auf Webseiten sind Strategien zu entwickeln, die gewährleisten, dass die Nutzungsinformationen verfügbar bleiben, auch wenn sich die Adresse der Webseite ändert. Das kann beispielsweise dadurch erreicht werden, dass entsprechende Weiterleitungen programmiert werden.

5.4 Gebrauch wiederholbarer Verfahren

Der Gebrauch wiederholbarer Verfahren bezieht sich eigentlich auf den Prozess und wird deshalb im EINSCHUB KAPITEL 5.4 am Ende von Kapitel 6 behandelt.

6 Informationsmanagementprozess

Liste zur Überprüfung der Einhaltung der Anforderungen an den Informationsmanagementprozess

Unterabschnitt	Zu prüfende Anforderung	Notizen
Einhaltung allgemeiner Anforderungen		
6.1 Allgemeines	– Ein Informationsmanagementprozess zur Planung, Gestaltung, Herstellung und Aufrechterhaltung von Nutzungsinformationen ist implementiert – Der Informationsmanagementprozess erzeugt, beschafft, bestätigt, transformiert, speichert, ruft ab und verbreitet Informationen – Dieser Prozess ▷ identifiziert die zu verwaltenden Informationen, ▷ definiert die Darstellungen der Informationen, ▷ hat Konzepte zur Erhaltung, Entwicklung, Speicherung, Änderung, Validierung, Präsentation und Entsorgung von Informationen, ▷ ermittelt den Status der Informationen, ▷ stellt die Informationen zur Nutzung zur Verfügung – Die vier Prozessgruppen sind implementiert: 1. Analyse und Planung von Nutzungsinformationen (Abschnitt 6.2) 2. Gestaltung und Entwicklung, einschließlich Review, Bearbeitung und Prüfung (Abschnitt 6.3) 3. Herstellung und Vertrieb (Abschnitt 6.4) 4. Nachhaltung, einschließlich Pflege und Verbesserung (Abschnitt 6.5)	
Analyse und Planung von Nutzungsinformationen		
6.2.1 Allgemeines	– Die Analyse und Planung von Informationen beginnt mit einer organisatorischen Strategie und Richtlinie für die Entwicklung und Aufrechterhaltung von Nutzungsinformationen – Die Instruktionen werden auf der Grundlage einer Marktanalyse oder einer Analyse der Merkmale, Bedürfnisse und beabsichtigten Aufgaben der Zielgruppen formuliert – Die Analysen werden zu einem frühen Zeitpunkt im Lebenszyklus des unterstützten Produkts und durch das Sammeln von Informationen über das Produkt durchgeführt – Faktoren, die das Informationskonzept beeinflussen, umfassen Zielgruppenanalysen, Medien und Sprachen, Informationsquellen, Risikomanagement und rechtliche Aspekte	
6.2.2 Zielgruppen	– Bei der Planung der zu verwendenden Informationen sind die Fähigkeiten und Aufgaben der Zielgruppen berücksichtigt – Bei der Planung der zu verwendenden Informationen sind die Merkmale der Zielgruppen berücksichtigt	

Unterabschnitt	Zu prüfende Anforderung	Notizen
6.2.3 Medien	– Die Analyse und die Planung der Nutzungsinformationen schließt die Wahl der Medien für die Nutzungsinformationen ein Beispiel: Elektronische und/oder Print-Publikation, als Teil des unterstützten Produkts, auf der Verpackung oder separat	
6.2.4 Sprachen	– Die Planung der Informationen umfasst die Ermittlung der lokalen Sprachanforderungen für die Nutzungsinformationen – Die lokalen Sprachanforderungen sind identifiziert und entsprechende Fassungen der Nutzungsinformationen sind übersetzt und bereitgestellt	
6.2.5 Informationsquellen	– Die Planung von Informationen umfasst die Ermittlung von Informationsquellen und die effektivste Art, diese zu nutzen	
6.2.6 Informationserhaltung	– Die Anforderungen an die Pflege und Vorhaltung von Informationen während des Lebenszyklus des unterstützten Produkts sind bei der Planung der Aufbereitung der Nutzungsinformationen berücksichtigt – Die Informationen sind so verwaltet, dass relevante Informationen über Produktänderungen und Erneuerungen für den Prozess zur Verfügung stehen – Die Planung von Nutzungsinformationen umfasst die Ermittlung der voraussichtlichen Dauer und des Umfangs der Unterstützung nach der Lieferung für das unterstützte Produkt und damit für die Nutzungsinformationen. Pläne zur Speicherung, Abfrage, Änderung, zum Schutz und zur Entsorgung der Nutzungsinformationen sind implementiert	
6.2.7 Risikomanagement	– Die möglichen Gefahren bei der Installation, dem Betrieb und der Wartung des unterstützten Produkts sind als Grundlage bei der Analyse und Planung der Informationen einbezogen – In der Risikobeurteilung sind Aufgaben oder Anwendungsfälle (use cases) berücksichtigt – Der Inverkehrbringer identifiziert, analysiert und bewertet Risiken hinsichtlich ihrer Auswirkungen, Eintrittswahrscheinlichkeit und der Verfügbarkeit von Methoden zu ihrer Vermeidung oder Begrenzung – Verbleibende Gefahren (nach Risikominderung verbleibendes Risiko) sind in den Nutzungsinformationen als Einschränkungen oder besondere Ausnahmen aufgenommen und in Warnhinweisen berücksichtigt – Der Planungsprozess bezieht die Behandlung von Risiken in die Nutzungsinformationen mit ein	
6.2.8 Rechtliche Anforderungen	– Anforderungen an die Nutzungsinformationen aus vertraglichen Vereinbarungen oder rechtlichen Vorgaben stehen für den Informationsentwicklungsprozess zur Verfügung	

Unterabschnitt	Zu prüfende Anforderung	Notizen
6.2.9 Projektmanagement und -kontrolle	– Das Management von Projekten umfasst die Planung, Entwicklung und Aufrechterhaltung von Projektplänen, die Durchführung des Ressourcenmanagements sowie die Messung und Berichterstattung über den Status des Projekts und der Nutzungsinformationen – Die Projektsteuerung umfasst die Verantwortung für die Genehmigung und das Schließen von Projekten, den Abruf und die Kommunikation genauer und zeitnaher Informationen zum Projektstatus und die Umverteilung von Tätigkeiten und Aufgaben in Projekten, um Chancen zu nutzen oder Defizite zu beheben	
6.2.10 Konfigurationsmanagement	– Die Verantwortlichen für das Konfigurationsmanagement ▹ erstellen Basisversionen und verwalten Änderungen an der Nutzungsinformation unter ihrer Leitung, ▹ kontrollieren Arbeitsinformationen, wie wiederverwendbare Inhalte (Single Source) für Nutzungsinformationen, Produktkomponenten, Pläne und Designartefakte, ▹ definieren Aktivitäten zur Überprüfung und Genehmigung von Änderungen und Freigaben	
6.2.11 Personalmanagement	– Die Erstellung der Nutzungsinformationen umfasst die Planung, Beschaffung und Bereitstellung der erforderlichen kompetenten Personalressourcen – Die Schulung in der Anwendung von Softwarewerkzeugen und -methoden und gegebenenfalls die Einweisung in die organisatorischen Abläufe sind in die Planung eingeschlossen	
6.2.12 Qualitätskontrolle	– Bei der Erstellung von Nutzungsinformationen sind Qualitätssicherungstechniken und -maßnahmen ermittelt und werden während des gesamten Informationsentwicklungsprozesses durchgeführt	
Gestaltung und Entwicklung, einschließlich Review, Bearbeitung und Prüfung		
6.3.1 Allgemeines	– Der Entwicklungsprozess umfasst Folgendes: ▹ Erstellung von Konzepten, Vorlagen oder Modellen für die Dokumentation ▹ Informationsbeschaffung ▹ Auswahl der Inhaltsstruktur ▹ Anwendung des Dokumentationskonzepts zur Erstellung der schriftlichen und grafischen Inhalte ▹ Umsetzung der Informationen in den angegebenen Medien ▹ Bearbeitung und Überprüfung der Inhalte und Auswertung der Informationen für die Verwendung mit dem unterstützten Produkt	
6.3.2 Gestaltung	Abschnitt enthält keine Anforderungen, nur Empfehlungen	
6.3.3 Review	– Bei Reviews und Prüfungen entdeckte Fehler werden aufgezeichnet, auf Schwere sowie Zeit und Kosten für die Behebung analysiert und behoben – Eine hierfür bestimmte Person ist die Review-Instanz, die entscheidet, ob die Nutzungsinformation den Review-Kriterien entspricht und mit der nächsten Phase fortgefahren werden kann	

Unterabschnitt	Zu prüfende Anforderung	Notizen
Herstellung und Vertrieb		
6.4	– Die Herstellung von Nutzungsinformationen umfasst die Integration, Aufbereitung, Vervielfältigung, Verpackung und Verbreitung von physischen Medien oder elektronischen Kopien der Nutzungsinformationen	
Nachhaltung, Pflege und Verbesserung		
6.5	– Die Nachhaltung umfasst die Erfassung eines kontinuierlichen Feedbacks der Zielgruppe, um die Nutzungsinformationen für verschiedene Versionen eines unterstützten Produkts während des gesamten Lebenszyklus dieser Produkte auf dem neuesten Stand zu halten. Darüber hinaus wird das Feedback zu etwaigen Änderungen in Bezug auf eine verbesserte Benutzerfreundlichkeit genutzt – Es ist eine Methode festgelegt, um Informationen über Änderungen zu erhalten, Nutzungsinformationen zu aktualisieren und den Zielgruppen zur Verfügung zu stellen	
Prozessanforderungen aus Abschnitt 5		
5.4 Einschub Gebrauch wiederholbarer Verfahren	– Die Prozesse ▹ sind definiert und wiederholbar ▹ sind so geplant, dass genügend kompetente Redakteure zur Verfügung stehen und Informationen zum erforderlichen Zeitpunkt zugänglich gemacht werden ▹ gewährleisten, dass die Qualität auf der Grundlage klarer und gemeinsamer Qualitätsziele verwaltet und sichergestellt wird ▹ verwenden Single-Source-Informationsmanagement	

6.1 Allgemeines

Die Norm fordert, dass der Hersteller bzw. Inverkehrbringer einen Informationsmanagementprozess entwickelt und implementiert, um die Nutzungsinformationen zu realisieren.

Dieses Thema wurde in der Edition 1 als informativer Anhang behandelt und hat in der Edition 2 als normativer Abschnitt eine deutliche Aufwertung erfahren. Diese normative Anforderung richtet sich vor allem an die Hersteller von Produkten. Doch auch Inverkehrbringer sind an diesem Informationsmanagementprozess beteiligt, nämlich bei der Bereitstellung, Beobachtung und Entsorgung der Nutzungsinformationen. Nutzungsinformationen sind Teil des Produkts und unterliegen somit auch der Produktbeobachtungspflicht, die auch von einem Inverkehrbringer wahrgenommen werden muss.

Der Informationsmanagementprozess:

- beschafft Informationen
  Er legt z. B. fest, wie Recherchen zum Produkt und zur Zielgruppe durchzuführen sind.
- erzeugt and speichert Informationen
  Er legt z. B. fest, wie die beschafften Informationen archiviert werden.

- bestätigt Informationen
  Er legt z. B. fest, wie die beschafften Informationen validiert werden.
- transformiert und verbreitet Informationen
  Er legt z. B. fest, in welchen Medien die beschafften Informationen wie verteilt werden.
- ruft Informationen ab
  Er legt z. B. fest, wer welche Informationen zu welchem Zeitpunkt abrufen darf.

Dabei muss der Prozess folgende Punkte sicherstellen:
- Identifizierung der zu verwaltenden Informationen
  Es ist festzulegen, welche Informationen dem Ersteller der Nutzungsinformation zur Verfügung gestellt werden müssen, damit er normenkonforme Informationen erzeugen kann. Das sind unter anderem:
  - ▹ Risikobeurteilungen
  - ▹ Zielgruppenanalysen
  - ▹ Marketingdokumente
  - ▹ Dokumente zu ähnlichen Produkten (eigene und von Wettbewerbern)
  - ▹ Dokumente aus dem Service (z. B. zu Reklamationen und Kundenfragen)
  - ▹ Dokumente aus der Marktbeobachtung eigener ähnlicher oder Wettbewerbsprodukte
- Definition der Darstellung der Informationen
  Es ist festzulegen, welche Informationen wie dargestellt werden, z. B.:
  - ▹ Schnelleinstieg/Quick-Reference als Ausdruck in Papier
  - ▹ Bedienung als Datei auf einem Chip
  - ▹ Fehlerbehebung als „Help-Anzeige" auf dem Display
  - ▹ Informationen zur Wartung und zur sicherheitsbezogenen Fehlerbehebung als AR-Datei (Augmented-Reality-Datei) eines qualifizierten Partnerunternehmens
- Konzepte zur Erhaltung, Entwicklung, Speicherung, Änderung, Validierung, Präsentation und Entsorgung von Informationen, zur Ermittlung des Status und zur Verteilung
  Dafür müssen Konzepte entwickelt und vorgehalten werden, wie das Verfahren der Informationsentwicklung definiert wird. Hierfür sind auch Zeiten, Ressourcen und Budgets festzulegen.
  Es ist festzuhalten, wie Informationen z. B. auch dann erhalten werden können, wenn die voraussichtliche Produktlebensdauer höher ist als die Lebensdauer der Speichermedien. Das Konzept sollte dabei berücksichtigen, dass die Information auch nach der Zerstörung des Speichermediums abrufbar sein muss.
  Die Konzepte zur Erhaltung und zur Speicherung der Informationen greifen direkt ineinander.
  Es ist zu berücksichtigen, dass sich sowohl die Nutzungsinformation, z. B. durch Informationen aus dem Service, ändern können als auch die Produkte weiterentwickelt werden. Wichtig ist hierbei, dass bei Anforderungen aus dem Markt den Nutzern stets die letzte Version der genau zu seinem Produkt gehörenden Nutzungsinformation zur Verfügung gestellt werden kann. Dazu ist es notwendig, den Status der einzelnen Nutzungsinformationen abrufen zu können.
  Das Konzept berücksichtigt auch, wie die Nutzungsinformationen den Nutzern präsentiert werden. Die Präsentation bzw. Darstellung der Nutzungsinforma-

tion ist stark vom Nutzungskontext und von der Zielgruppe abhängig (s. o.). Auch die Erstellung von Nutzungsinformationen unterliegt den Erfordernissen der Nachhaltigkeit. Daher ist bei der Präsentation der Nutzungsinformationen zu berücksichtigen, dass diese nach der Nutzungszeit möglichst umweltfreundlich entsorgt werden können.

Bei der Erarbeitung des Konzepts müssen vier Gruppen von Prozessschritten berücksichtigt werden:
- Analyse und Planung von Nutzungsinformationen (siehe KAPITEL 6.2)
- Gestaltung und Entwicklung, einschließlich Review, Bearbeitung und Prüfung (siehe KAPITEL 6.3)
- Herstellung und Vertrieb (siehe KAPITEL 6.4)
- Nachhaltung, einschließlich Pflege und Verbesserung (siehe KAPITEL 6.5)

6.2 Analyse und Planung von Nutzungsinformationen

6.2.1 Allgemeines

Analyse und Planung von Nutzungsinformationen müssen Teil einer Strategie sein, mit der Richtlinien (Vorgaben und Prozesse) und daraus abgeleitet Organisationen (Strukturen) zur Entwicklung und Aufrechterhaltung von Nutzungsinformationen festgelegt werden. Hierbei ist es Aufgabe der Geschäftsleitung, die dafür erforderlichen Ressourcen bereitzustellen. Es ist ebenfalls erforderlich, dass die Geschäftsleitung die Termine festlegt und die Qualitätsziele formuliert. Dies ist notwendig, um die Planung, Erstellung und Bereitstellung der Nutzungsinformationen sicherzustellen. Hierfür ist es erforderlich, dass die Geschäftsleitung ihre Delegationsverantwortung wahrnimmt und die notwendigen Handlungskompetenzen an die zuständigen Instanzen, typischerweise Fachabteilungen, überträgt.

Vor allem Instruktionen und Anleitungen als Teil der Nutzungsinformationen müssen auf Basis von Marktanalysen und Zielgruppenanalysen entwickelt und erstellt werden. Hierbei müssen die Bedürfnisse und Merkmale der Zielgruppen sowie die beabsichtigten Aufgaben berücksichtigt werden. Diese Analysen müssen sehr früh im Lebenszyklus des zu unterstützenden Produkts durch Sammeln von Informationen über die Märkte, die Zielgruppen und das Produkt selbst durchgeführt werden. Hierbei muss auch der Kontext ermittelt werden, in dem das Produkt eingesetzt wird. Idealerweise beinhaltet dies auch das betriebliche Konzept der Nutzung des Produkts. Die Ergebnisse und Auswertungen der Analyse sollten zu folgenden Entscheidungen führen:
- Werden die Informationen direkt auf dem Produkt angebracht oder separat bereitgestellt?
- Welche Medien und Kommunikationsmittel müssen eingesetzt werden?
- Wie muss das Medienkonzept aussehen? Handelt es sich um ein monolithisches Informationsprodukt oder um eine Sammlung von Nutzungsinformationen? Wird die Nutzungsinformation in Papierformat oder auch digital geliefert? Wenn die Nutzungsinformation digital geliefert wird: nur auf Datenträger oder auch per Internet? Beim Datenträger stellt sich auch aufgrund der Zukunftssicherheit die Frage, von welchem Datenträger zu erwarten ist, dass er in allen Phasen des Produktlebenszyklus sicher lesbar bleibt.

- Müssen die Informationen für unterschiedliche Zielgruppen aufgeteilt und aufbereitet werden?
- Welche Sprachversionen werden benötigt?

Zusammenfassend kann gesagt werden, dass der Informationsmanagementprozess zu einem Informationskonzept führen muss, das alle nachfolgenden Faktoren berücksichtigt:
- Zielgruppenanalyse
- Medien und Kommunikationsmittel
- Sprachmanagement
- Zugang zu den Informationsquellen
- Risikomanagement
- Rechtliche Anforderungen

6.2.2 Zielgruppen

Wie bereits erwähnt müssen bei der Planung und Realisierung der Nutzungsinformationen die Fähigkeiten, Bedürfnisse und Aufgaben der Zielgruppen berücksichtigt werden. Hierbei muss beachtet werden, dass typischerweise mehrere Zielgruppen mit unterschiedlichen Aufgaben und Ansprüchen – verteilt über den Produktlebenszyklus – vorhanden sind. Dies sind beispielsweise folgende Personengruppen:
- Anwender und Nutzer
- Bedienpersonal
- Techniker
- Installateure
- Inbetriebnehmer
- Administratoren
- Sicherheitsverantwortliche
- Verantwortliche für Recycling oder Entsorgung

Die Erwartungen an die Zielgruppen in Bezug auf Fähigkeiten und Kenntnisse und auch bezüglich der Häufigkeit der Nutzung des Produkts sollten festgelegt und beschrieben werden.

Als Ergebnis der Zielgruppenanalyse sollten für die verschiedenen Zielgruppen relevante Merkmale beschrieben werden. Für jede Zielgruppe lassen sich dann gemeinsame Merkmale, beispielsweise ähnliche Arbeitsaufgaben, festlegen. Dies muss bei der Planung der Nutzungsinformationen berücksichtigt werden. Nachfolgend werden relevante Merkmale genannt, die bei der Definition der Zielgruppen aufgelistet werden sollten:
- Ausbildung, Fähigkeiten Erfahrungen und Weiterbildungen im Hinblick auf die am unterstützten Produkt durchzuführenden Handlungen (z. B. Elektrofachkraft, Fachkraft für Mechanik, Hydraulik oder Pneumatik etc.)
- Sprache der Zielgruppe
- Aufgaben der Zielgruppe
- Arbeitsumgebung der Zielgruppe und die Bedingungen, unter denen die Nutzungsinformation genutzt wird
- Verfügbare Werkzeuge und Hilfsmittel

– Möglichkeiten zum Zugriff auf Nutzungsinformationen (z. B. Internetzugang, geeignete Abspielgeräte und Zugangsrechte)

Die Beschreibung der Zielgruppen sollte berücksichtigen, dass Zielgruppen oft heterogen sind, das heißt, dass eine Vielzahl an Fähigkeiten und Bedürfnissen abgedeckt werden müssen.

Die Beschreibung der Aufgaben einer bestimmten Zielgruppe kann z. B. folgenden Aspekte berücksichtigen:

– Motivation zur Ausführung der Aufgabe
  Es ist z. B. zu berücksichtigen, ob der Nutzer den kontinuierlichen Betrieb eines Produkts gewährleisten, eine Störung beheben oder eine (regelmäßige) Wartung durchführen will. Es kann auch sein, dass er das Produkt nur kurzfristig nutzen will, z. B. um einen Kaffee zu kochen oder um sich zu rasieren.
– Häufigkeit der Ausführung
  Hierbei ist insbesondere zu berücksichtigen, wie wahrscheinlich es ist, dass der Nutzer sich daran erinnern kann, wie die Aufgabe auszuführen ist. Je seltener der Nutzer eine Aufgabe ausführt, umso wichtiger ist es, dass er die Information zur Ausführung dieser Aufgabe schnell (möglichst intuitiv) findet.
– Dauer der Aufgabe
  Je kürzer eine Aufgabe ist, desto weniger wahrscheinlich wird der Nutzer die Information zu dieser Aufgabe nachschlagen wollen. Gerade bei kurzen sicherheitsbezogenen Tätigkeiten ist daher auch eine schnelle (möglichst intuitive) Informationsvermittlung wichtig.
– Einzel- oder Team-Aufgabe
  Eine Herausforderung stellt sicher die Bereitstellung von Informationen zu Aufgaben dar, die im Team gelöst werden müssen. Hier muss klar kommuniziert werden, wer (mit welcher Qualifikation) wann was ausführt.
  Ein Lösungsansatz ist z. B., dass den einzelnen Qualifikationen Symbole zugeordnet werden (siehe Tabelle 2):

Tabelle 2: Beispiel für Symbole zu Qualifikationen

	Administrator
	Bediener
	Elektrofachkraft
	Mechaniker
	Instandhalter

- Umweltbedingungen
  Es ist zu recherchieren, ob für die Tätigkeit und somit für die Nutzungsinformation besondere Bedingungen berücksichtigt werden müssen. Es kann z. B. sein, dass die Aufgabe ergonomisch ungünstig über Kopf durchgeführt werden muss oder in lichtarmer Umgebung unter Tage oder im Freien, wo mit Niederschlag oder Wind zu rechnen ist. Darüber hinaus sind die Bedingungen unter Stress, z. B. bei Akkord-Arbeiten oder bei Tätigkeiten im Krankenhaus, zu berücksichtigen.
- Fehlertoleranz
  Aufgaben, bei denen eine korrekte Ausführung besonders wichtig ist, insbesondere sicherheitsbezogene Aufgaben, bedürfen bei der Entwicklung einer besonderen Sorgfalt. Hierfür sind meist Schritt-für-Schritt-Anleitungen sinnvoll, bei denen Zwischenresultate dem Nutzer das richtige Vorgehen bestätigen.
- Entscheidungsfreiheit
  Bei Aufgaben, bei denen mehrere Wege zum gewollten Ziel führen, sollte der bevorzugte Weg beschrieben werden. Bei Aufgaben, bei denen genau ein Weg zum Ziel führt, bietet sich auch eine Schritt-für-Schritt-Anleitung an.
- Voraussetzungen
  Die Voraussetzungen zur Durchführung der Aufgabe sind zu beschreiben. Das kann beispielsweise sein: die Verwendung des richtigen Werkzeugs, der Zustand des Produkts (z. B. die Oberflächentemperatur), der Stillstand vor- oder nachgeschalteter Produkte usw.
- Üblichkeit der Aufgabe
  Aufgaben, die den Gewohnheiten oder der Lebenserfahrung des Nutzers nicht entsprechen, bedürfen auch besonderer Aufmerksamkeit bei der Entwicklung der Information. So muss einem Nutzer beispielsweise vermittelt werden, dass er einen zu erwartenden Brand nicht mit Wasser löschen darf, weil das Öl weiterbrennen würde und er mit Wasser einen noch größeren Schaden anrichtet.

Zielgruppen, die einen besonderen Bedarf an barrierefreien oder textarmen Informationen haben, umfassen unter anderem:
- Ältere Personen
- Funktionale Analphabeten
- Kinder, die beim Gebrauch von unterstützten Produkten beaufsichtigt werden müssen
- Personen, die die gedruckte Nutzungsinformation nicht lesen können
- Personen mit körperlichen, Hör- oder Sehbehinderungen

Zur Entwicklung der Nutzungsinformationen für diese Zielgruppen muss der Entwickler ganz besonders hohe kognitive Fähigkeiten haben.

6.2.3 Medien

Die Analyse und Planung von Informationen muss die Wahl der Medien und Kommunikationsmittel für die Nutzungsinformation berücksichtigen. Tabelle 3 gibt hierüber eine Übersicht:

Tabelle 3: Kommunikationsmittel in Bezug auf Medien

		Medien					
		Auf dem Produkt	Auf der Verpa-ckung	Papier	Daten-träger	Internet	Präsenz
Kommunikationsmittel	Typenschild	■					
	Barcode oder RFID	■	■				
	Text, auch Braille	■	■	■	■	■	■
	Symbole	■	■	■	■	■	
	Illustrationen	■	■	■	■	■	
	Onlinehilfen				■	■	
	Video, auch Utility-Film				■	■	■
	Animation, auch interaktiv				■	■	■
	Webinar					■	
	Schulung, auch CBT[1] und WBT[2]				■	■	■

[1] Computer Based Training
[2] Web Based Training

Der Inverkehrbringer sollte die Medien und Kommunikationsmittel anhand der Bedürfnisse der Zielgruppen auswählen. Dabei muss auf Barrierefreiheit, Anwendbarkeit und Nachhaltigkeit geachtet werden. Die Nutzungsinformationen sollten für die erwartete Lebensdauer des unterstützten Produkts verfügbar und anwendbar sein. Beispielsweise sollten gedruckte Nutzungsinformationen auf haltbarem Papier bereitgestellt werden. Elektronische Nutzungsinformationen können in Kombinationen aus Tonaufzeichnungen, visuellen Darstellungen (das heißt Illustrationen, Videos oder Animationen), auf separaten Medien, in schriftlicher Form, über das Internet, zum Gebrauch auf verschiedenen unterschiedlichen stationären oder mobilen Anzeigegeräten bereitgestellt werden.

Hinweis:
Zur Erstellung eines Medienkonzepts siehe die tekom-Richtlinie „Bereitstellung von Nutzungsinformationen in elektronischer Form – eDok".

Diese Betrachtung macht deutlich, dass Text nach wie vor das wichtigste Kommunikationsmittel darstellt und in allen Medien verwendet werden kann. Um auch nicht-muttersprachlichen Nutzern und funktionalen Analphabeten den Zugang zu den Informationen zu erleichtern, müssen auch textarme oder sogar textlose Kommunikationsmittel eingesetzt werden, wenn davon ausgegangen werden muss, dass diese Personengruppe zur Zielgruppe gehört. Dies gilt nicht nur für Verbraucherprodukte. Auch bei Investitionsgütern werden für bestimmte Tätigkeiten, z. B.

Transport, Montage oder Reinigung, Zielgruppen angesprochen, in denen Nicht-Muttersprachler und funktionale Analphabeten vorkommen.

6.2.4 Sprachen

Grundsätzlich gilt, dass die Informationen in der Sprache des Verwendungslandes bereitgestellt werden müssen. Darüber hinaus muss die Planung der Nutzungsinformationen die Identifizierung der rechtlichen und tatsächlichen lokalen Sprachanforderungen an die Nutzungsinformation umfassen. Diese können von der offiziellen Landessprache des Verwendungslandes abweichen. Gegebenenfalls können auch vertragliche Vereinbarungen mit dem Kunden dazu führen, dass weitere Sprachfassungen, z. B. für Servicepersonal, geschuldet werden. In einem Übersetzungsprozess müssen dann die erforderlichen Sprachfassungen erstellt und bereitgestellt werden.

Es sollte berücksichtigt werden, dass wichtige Vorsichtsmaßnahmen für die Installation und den Betrieb sowie sicherheitsbezogene Informationen durch sprachunabhängige Sicherheitszeichen, grafische Symbole und selbsterklärende Illustrationen vermittelt werden.

Hinweis:
Für weitere Informationen zum Übersetzungsmanagementprozess siehe ISO 17100.

6.2.5 Informationsquellen

Die Planung der Nutzungsinformationen sollte die Identifizierung der Informationsquellen und die effektivsten Möglichkeiten ihres Gebrauchs umfassen. Hierzu ist eine intensive Recherche notwendig. Folgende Punkte sollten dabei berücksichtigt werden:

- Funktion, Struktur und Lebenszyklus des unterstützten Produkts (Informationsquelle: z. B. Entwicklungsabteilung)
  Ähnliche Produkte und deren Anforderungen an Nutzungsinformationen (Informationsquelle: z. B. Entwicklungsabteilung, Technische Redaktion).
  Mögliche Probleme und Fehlerbehebung (Informationsquelle: z. B. Entwicklungsabteilung, Service- und Beschwerdemanagement).
  Ersatzteile und Optionen (Informationsquelle: z. B. Entwicklungsabteilung und Serviceabteilung).
- Märkte, in denen das unterstützte Produkt eingesetzt wird, einschließlich Marktmerkmale und Vertriebskanäle des unterstützten Produkts
  Die Informationen hierzu sind üblicherweise in der Vertriebs- und Marketingabteilung abrufbar.
- Informationen zur Einhaltung und Konformität von rechtlichen und normativen Anforderungen (Informationsquelle: z. B. Entwicklungsabteilung, Rechtsabteilung und Technische Redaktion)
  Wenn das Produkt für den Europäischen Markt vorgesehen ist, bieten sich die Webseiten der Europäischen Kommission zu den unterschiedlichen Produktkategorien an. Dort werden nicht nur die Texte der einschlägigen Richtlinien und Verordnungen (in allen europäischen Sprachen), sondern auch die

Guidance-Dokumente und eine Liste der harmonisierten Normen zum Download angeboten. Wenn es um Anforderungen von außereuropäischen Märkten geht, ist auch an den Einsatz eines Dienstleisters zu denken, der die entsprechenden Rechtsquellen und Anforderungen zusammenstellt. Internationale Normen werden am besten auf der Online Browsing Platform von ISO https://www.iso.org/obp/ui/#search recherchiert.

– Der Zeitpunkt, zu dem verlässliche und beständige Informationen verfügbar sind
  Nachfolgend wird erläutert, wann welche Informationen für ein gänzlich neues Produkt verlässlich zur Verfügung stehen können:
  Sehr früh, in der Entwicklung
  Informationen zu vertraglichen Vereinbarungen zur Nutzungsinformation und Informationen aus der Risikobewertung (die aber weiterentwickelt wird) sind: bestimmungsgemäße Verwendung, technische Daten, Grenzen des Produkts, Zielgruppe.
  Während der Konstruktion
  Informationen aus der Entwicklung und Konstruktion zu detaillierten Funktionen. Auch hierzu muss der Technische Redakteur sich die Informationen aus der Risikobeurteilung vor allem zu Restrisiken ansehen. Darüber hinaus Informationen zu den verwendeten Materialien und gegebenenfalls zu den Betriebsstoffen und Verbrauchsmaterialien. Es können also die Nutzungsinformationen für den Betrieb, die Wartung und die Entsorgung entwickelt werden.
  Vor der Markteinführung (Prototyp-Status)
  Der Entwickler der Nutzungsanforderung kann sich das Produkt selber ansehen, 3D-Konstruktionsdateien zur Bearbeitung und Einarbeitung in die Nutzungsinformation erhalten und erste Erfahrungen aus der Entwicklungsabteilung bezüglich zu behebender Störungen bekommen.
  Kurz vor der Markteinführung, nach Usability-Tests
  Erfahrungen einer repräsentativen Anzahl von Nutzern im Umgang mit dem Produkt unter Berücksichtigung der bis zu diesem Zeitpunkt entwickelten Nutzungsinformation. Dadurch können die Erfahrungen einfließen und das Produkt mit der Nutzungsinformation in Verkehr gebracht werden.
  Nach der Markteinführung
  Informationen aus der Produktbeobachtung zum tatsächlichen Gebrauch des Produkts (auch Fehlgebrauch!) und aus dem Service. Diese Informationen fließen aber nicht nur in die Nutzungsinformation ein, sondern auch in die Weiterentwicklung des Produkts.

Verlässliche Informationen für geänderte Produkte oder Produkte, die in ähnlicher Weise bereits auf dem Markt sind, sind üblicherweise zu einem sehr frühen Zeitpunkt zu recherchieren. Es ist dann nur darauf zu achten, inwieweit sich das neue Produkt von dem früheren oder ähnlichen Produkt unterscheidet. Wurde die Nutzungsinformation für das ähnliche Produkt ordnungsgemäß entwickelt, ist die Entwicklung der neuen Nutzungsinformation ein vergleichbar geringer Aufwand.

Quellen für Nutzungsinformationen sollten auch Befragungen und Beobachtungen von Personen mit Erfahrung mit dem unterstützten Produkt umfassen. Wenn Informationen von Zulieferern eingebunden werden, sollte der Inverkehrbringer entscheiden, ob er

- die zugelieferten Informationen mithilfe seiner eigenen Formate anpasst,
- ohne Änderung mithilfe von Querverweisen und Hyperlinks in seine Nutzungsinformation einbindet oder
- vor den Querverweisen in seiner Nutzungsinformation zusätzliche Hinweise zum Umgang mit den Zulieferprodukten gibt.

6.2.6 Informationserhaltung

Die Norm verlangt, dass bei der Planung der Erarbeitung der Nutzungsinformationen die Anforderungen für die Pflege und den Erhalt der Informationen während des Produktlebenszyklus berücksichtigt werden. Hierbei sind die Informationen so zu verwalten, dass relevante Informationen zu Produktänderungen und neuen Veröffentlichungen für die Integration in den Prozess verfügbar sind. Hierzu gehören auch Pläne zur Lagerung und zu Abruf, Änderung, Schutz und Entsorgung der Nutzungsinformation. Darüber hinaus ist der zu erwartende Zeitraum zur Erarbeitung und zur Bereitstellung der Nutzungsinformation beim Planungsprozess zu berücksichtigen.

Die Herausforderung hierbei ist, dass zum Zeitpunkt der Erstellung des Konzepts zur Nachhaltung der Nutzungsinformationen einige notwendige Informationen nicht zur Verfügung stehen. Es ist also notwendig, Strategien für mehrere Szenarien zu erarbeiten und das Konzept im Produktlebenszyklus immer wieder anzupassen.

6.2.7 Risikomanagement

Die Analyse und Planung von Nutzungsinformationen müssen zu einem Konzept für den Umgang mit sicherheitsbezogenen Informationen führen. Hierbei muss der komplette Produktlebenszyklus betrachtet werden. Typischerweise sind dies Transport und Lagerung, Montage und Installation, Inbetriebnahme und Betrieb, Service und Instandhaltung, Störungsbehebung sowie Außerbetriebnahme, Recycling und Entsorgung. Die Analyse von Gefährdungen und Risiken muss dabei alle Aufgaben und Anwendungsfälle berücksichtigen. Gefährdungen umfassen nicht nur direkte Risiken für Bediener und Nutzer von unterstützten Produkten, sondern auch vorhersehbare zukünftige Auswirkungen auf andere Personen in ihrer Umgebung. Zudem umfassen Gefährdungen die Möglichkeit ungünstiger oder unerwarteter Risiken für den Verbraucher wie Verlust von geschäfts- und personenbezogenen Daten. Der Inverkehrbringer muss Gefährdungen und ihre Auswirkungen, Auftrittswahrscheinlichkeit und Verfügbarkeit von Methoden zur Vermeidung oder Begrenzung identifizieren, analysieren und bewerten. Restrisiken (nach der Risikominderung verbleibende Risiken) müssen in den Nutzungsinformationen als Einschränkungen oder besondere Ausnahmen enthalten sein und in den Warnhinweisen behandelt werden.

Der Planungsprozess muss die Behandlung von Risiken in den Nutzungsinformationen umfassen. Dies sollte mit den Abteilungen Entwicklung und Konstruktion koordiniert werden, um den sicheren und korrekten Gebrauch des unterstützten Produkts sicherzustellen. In Bezug auf die Sicherheit sollte der Entwickler der Nutzungsinformation in alle Risikobeurteilungen einbezogen werden, um die Grenzen

der Nutzungsinformation deutlich zu machen. Hierbei sollte Überwarnung vermieden werden. Es gilt die Vorgabe, dass konstruktive Maßnahmen vor instruktiven Maßnahmen Vorrang haben. Grundsätzlich muss folgende Vorgehensweise sichergestellt sein:
- Risiken sollen durch konstruktive Maßnahmen gar nicht erst entstehen.
- Risiken, die sich konstruktiv nicht ausreichend beseitigen lassen, sollen durch geeignete Schutzmaßnahmen vermieden werden.
- Vor den dann noch vorhandenen Restrisiken muss mit geeigneten Warnhinweisen gewarnt werden.

Der Prozess der iterativen Risikominderung ist in Bild 1 der EN ISO 12100 anschaulich dargestellt.

Nur wenn die konstruktive Lösung nicht möglich ist und auch durch Schutzmaßnahmen nicht alle Risiken vermieden werden können, darf mit geeigneten Sicherheits- und Warnhinweisen vor den Restrisiken gewarnt werden.

Daraus ergeben sich für den Entwickler der Nutzungsinformationen folgende Aufgaben:
- Zusammen mit der Produktentwicklungs- und Konstruktionsabteilung die Restrisiken bewerten und die Maßnahmen in Bezug auf Sicherheits- und Warnhinweise festlegen. Eventuell auch kritisch hinterfragen, ob eine Schutzmaßnahme oder idealerweise sogar eine konstruktive Maßnahme das Restrisiko gar nicht erst entstehen lässt
- Warnhinweise auswählen oder formulieren
- Für die Warnhinweise jeweils die Gefahrenstufe und somit das Signalwort klassifizieren
- Falls erforderlich das Sicherheitskapitel ergänzen

6.2.8 Vertragliche Vereinbarungen und rechtliche Rahmenbedingungen

Anforderungen in Bezug auf Nutzungsinformationen, die aus vertraglichen Vereinbarungen und rechtlichen Rahmenbedingungen hervorgehen, müssen für den Informationsentwicklungsprozess verfügbar sein. Dazu muss der Entwickler der Nutzungsinformation zu einem frühen Zeitpunkt über vertragliche Besonderheiten informiert werden.

6.2.9 Projektmanagement und -kontrolle

Das Projektmanagement muss die Planung, Entwicklung, Einhaltung von Projektzeitplänen, das Ressourcenmanagement und die Messung und Berichterstattung des Projektstatus der Nutzungsinformation umfassen.

Dazu gehören möglichst folgende Punkte:
- Erstellung und Einhaltung von Richtlinien für Content Management und Wiederverwendbarkeit
- Überprüfung und Testen der Nutzungsinformationen
- Übersetzen und Lokalisieren für alle Zielmärkte des unterstützten Produkts
- Management ausreichender Ressourcen

- Einbeziehung kompetenter Personen (siehe KAPITEL 10)
- Qualitätssicherung, z. B. durch Usability-Tests (siehe Anhang A der Norm) und Konfigurationsmanagement (siehe KAPITEL 6.2.10)
- Bereitstellung der Infrastruktur, z. B. durch ein Content-Management- oder Redaktionssystem, das Schnittstellen zum Projektmanagement hat
- Bei komplexen Systemen (z. B. verfahrenstechnischen Anlagen) ein Plan zur Bereitstellung der einzelnen Zulieferdokumentationen

Die Norm verlangt, dass die Projektkontrolle auch die Verantwortung für die Genehmigung und den Abschluss der Projekte mit einschließt. Hierzu ist es notwendig, die Kommunikation genau und zeitnah zu organisieren und Informationen zum Projektstatus bereitzustellen. Nur so können Schwachstellen frühzeitig erkannt und behoben werden.

6.2.10 Konfigurationsmanagement

Die Norm verlangt, dass die Verantwortlichen für das Konfigurationsmanagement Basisversionen erstellen und Änderungen an der Nutzungsinformation unter ihrer Leitung verwalten. Hierbei ist z. B. wiederverwertbarer Inhalt (Single Source) für die Nutzungsinformation zu überwachen. Darüber hinaus müssen die Verantwortlichen sich ständig über Produktkomponenten, Pläne und Konzepte auf dem Laufenden halten und Maßnahmen zum Review und zur Genehmigung von Änderungen und Veröffentlichungen treffen.

Die Norm empfiehlt, dass die Verantwortlichen die Rückverfolgbarkeit der Versionen der Nutzungsinformationen verwalten. Der Zielgruppe soll jederzeit die aktuell gültige Fassung der Nutzungsinformation zur Verfügung gestellt werden können.

6.2.11 Personalmanagement

Die Erarbeitung von Nutzungsinformationen muss die Rekrutierung, Einsatzplanung und Zuweisung des erforderlichen und geeigneten Personals mit einschließen. Dies muss, falls erforderlich, die Schulung für die Anwendung der richtigen Methoden, der erforderlichen organisatorischen Abläufe und den Gebrauch der richtigen Software-Tools umfassen. Die notwendige Qualifikation der Entwickler ist in KAPITEL 10 beschrieben.

6.2.12 Qualitätskontrolle

Bei der Erarbeitung von Nutzungsinformationen müssen Methoden und Maßnahmen zur Qualitätskontrolle und Qualitätssicherung identifiziert und während des gesamten Informationsentwicklungsprozesses angewendet werden. Hinweise zur Qualitätsüberwachung finden sich in KAPITEL 6.6.3.

6.3 Gestaltung und Entwicklung, einschließlich Review, Bearbeitung und Prüfung

6.3.1 Allgemeines

Die Norm schreibt für den Entwicklungsprozess vor, dass die erforderlichen Informationen recherchiert und Konzepte, Vorlagen und Modelle für Nutzungsinformationen erarbeitet werden. Sie gibt außerdem vor, dass eine passende Strukturierung für die Nutzungsinformationen ausgewählt wird.

Abschnitt 8 der Norm (siehe KAPITEL 8.4) geht im Detail auf die Strukturierung von Nutzungsinformationen und insbesondere auf die dafür geeigneten Methoden und Kriterien ein. Das erarbeitete Informationskonzept muss erstellt und angewendet werden. Die Inhalte der erstellten Nutzungsinformationen müssen bearbeitet und überprüft werden. Darüber hinaus schreibt die Norm ausdrücklich vor, dass ein Abgleich der Nutzungsinformationen mit dem unterstützten Produkt stattfinden muss. Auch die Implementierung der Nutzungsinformationen in die bereits ausgewählten Medien ist Teil des Entwicklungsprozesses.

Die Norm empfiehlt die Durchführung von Usability-Tests (siehe Anhang A der Norm). Anhand der Tests kann nachgewiesen werden, dass die Zielgruppe mithilfe der Nutzungsinformation die Handlungen am unterstützten Produkt sicher und effizient durchführen kann. Hierbei können Schwachstellen aufgedeckt werden, um die Qualität der Nutzungsinformationen zu steigern.

6.3.2 Gestaltung, Informationsbeschaffung und -entwicklung

Die Norm schlägt vor, dass für die Entwicklung und Erstellung der Nutzungsinformationen ein konsistentes Konzept verwendet werden soll. Hierzu sollte ein Styleguide oder ein Redaktionsleitfaden erstellt werden, der während des Erstellungsprozesses von allen Beteiligten befolgt wird. Zu den empfohlenen Inhalten eines solchen Leitfadens gehören:

- Vorgaben
  - ▹ zum Schreibstil und zu den Formulierungen
  - ▹ zur Terminologie
  - ▹ zur Kommunikation innerhalb des Teams
  - ▹ für das Design und Layoutregeln, einschließlich Typografie
    Hierbei sollte darauf geachtet werden, dass für die unterschiedlichen Medien zur Veröffentlichung auch unterschiedliche Vorgaben notwendig sind.
  - ▹ zur Kontrolle der vereinbarten Vorgaben
- Regeln für die Anrede der Zielgruppen
  So kann beispielsweise festgelegt werden, dass Handlungen an dem Produkt grundsätzlich im indirekten Imperativ („Zum Starten der Maschine Taste drücken") formuliert werden und Handlungen in Warnhinweisen im direkten Imperativ („Drücken Sie zum Starten der Maschine die Taste"). Einige Unternehmen sprechen ihre Zielgruppe mit dem förmlichen „Sie" an, andere mit „Du". Das ist keine Frage von Richtig oder Falsch, sondern eine Frage der Unternehmenskultur und welche Erwartungshaltung die Zielgruppe bei der Ansprache hat.

- Regeln zur Navigation in der Nutzungsinformation und Regeln für Verweise (Mindestregeln siehe KAPITEL 8.4)
- Regeln für Informationstypen, z. B. Typen von Informationen zum normalen Betrieb, zur Wartung und zur Entsorgung

Hinweis:
ISO 704 gibt Informationen zu Grundsätzen und Methoden der Terminologiearbeit.

Ist eine Übersetzung erforderlich, sollten Informationen dazu bereitgestellt werden, wie die Benennungen konsistent in die Zielsprache übersetzt werden. Bei Übersetzungen durch einen externen Dienstleister sollte eine intern erarbeitete Terminologieliste übergeben werden, die bei Rückgabe der Übersetzungen der Redaktion zur Verfügung gestellt wird.

6.3.3 Review, Bearbeitung und Prüfung

Die Norm empfiehlt, die Nutzungsinformation während des gesamten Prozesses Reviews und Prüfungen zu unterziehen. Hierzu sollten Methoden etabliert werden, bei denen Begutachtungen durch unabhängige Personen durchgeführt werden. Spezialfragen, z. B. zur Terminologie und zur Einhaltung eines Informationsmodells, können am besten durch Experten geklärt werden. Die gesamte Überprüfung sollte in einem interdisziplinären Team durchgeführt werden. Nach der Überprüfung sollte eine Evaluierung durch eine Gruppe von Probanden stattfinden, die die Zielgruppe bestmöglich repräsentiert (siehe auch Anhang A der Norm).

Vor der Übersetzung sollte ein Review des Ausgangstexts auf Fehlerfreiheit, Konsistenz und Usability durchgeführt werden. Ergänzend zu einem Human-Lektorat ist hier der Einsatz einer Language-Checker-Software zu empfehlen. Der Ausgangstext sollte vor der Übersetzung auf Richtigkeit, Konsistenz und Benutzerfreundlichkeit überprüft werden. Die Übersetzungen sollten von kompetenten Personen auf ihre fachliche und sprachliche Richtigkeit und Klarheit überprüft werden. Somit sollte grundsätzlich das Sechs-Augen-Prinzip angewendet werden.

Eine empirische Evaluierung (z. B. Usability-Tests) sollte als Mittel zur Bestimmung verwendet werden, ob die Nutzungsinformation ihren Zweck erfüllt. Tabelle 4 führt Beispiele für empirische Methoden an:

Tabelle 4: Empirische Methoden zur Evaluierung

Empirische Methode	Anwendungsbereich und Ziele der Methode
Interviews für eine Meinungsumfrage	– Zufriedenheitsanalysen aller bei der Erarbeitung oder Bereitstellung der Nutzungsinformation Beteiligten – Zielgruppenanalyse – Identifizierung von Informationen zum Nutzungskontext des Produkts (z. B. warum, wo, wie oft) – Identifizierung der Bedarfe der Zielgruppe – Bewertung/Evaluierung von Nutzungsinformationen – Vergleich verschiedener Informationsprodukte

Empirische Methode	Anwendungsbereich und Ziele der Methode
Gruppendiskussionen für Meinungsumfragen	– Identifizierung der Bedarfe der Zielgruppe – Bewertung/Evaluierung in Bezug auf Umgang und Arbeiten mit den Nutzungsinformationen – Vergleich unterschiedlicher Stile und Formate
Usability-Tests	– Identifizierung von Lücken und Schwachstellen in den Nutzungsinformationen – Prüfung der Nutzungsinformationen oder Vergleich unterschiedlicher Fassungen oder Versionen – Prüfung der Verständlichkeit und Nutzerfreundlichkeit (Usability)
Selbsteinschätzungen und Checklisten	– Beurteilungen der Qualität nach fachlichen Kriterien – Checklisten zu Normen und anderen Standards
Gutachten, Reviews durch Experten und Zertifikate	– Beurteilung von Nutzungsinformationen nach allgemein anerkannten Kriterien – Analyse von Schwachstellen – Berücksichtigung rechtlicher Belange
Rückmeldungen, Empfehlungen oder Begutachtungen im Rahmen von unabhängigen Wettbewerbern	– Bewertung eines Produkts nach allgemein anerkannten Richtlinien – Vergleich mit anderen Nutzungsinformationen
Rückmeldungen aus Beschwerdemanagement, Hotlines und Kundendienstinformationen	– Kontinuierlicher Verbesserungsprozess – Optimierung von Anfragebearbeitung – Verbesserung der Nutzungsinformation

Tabelle übertragen aus IEC/IEEE 82079-1, Tabelle 1: Beispiele empirischer Methoden

Die Norm empfiehlt, die durch die Evaluierung erzielten Verbesserungen in den Styleguide aufzunehmen, um die Qualität der Nutzungsinformation kontinuierlich zu verbessern. Zur Erfüllung der Norm ist es notwendig, die bei den Reviews und Prüfungen entdeckten Fehler aufzuzeichnen und auf Schwere und Kosten zur Behebung zu analysieren. Es muss eine Person bestimmt werden, die das Review durchführt und entscheidet, ob die Review-Kriterien erfüllt wurden. Selbstverständlich müssen die Abweichungen behoben werden.

Die Norm legt darüber hinaus nahe, dass bei Projektplänen die Zeit für Reviews und die Behebung signifikanter Mängel berücksichtigt wird. Dabei sollten, falls erforderlich, wiederholte Reviews berücksichtigt werden.

6.4 Herstellung und Vertrieb

Die Norm verlangt, dass beim Herstellungsprozess der Nutzungsinformation auch die Integration, Vervielfältigung und Verteilung in unterschiedliche Medien berücksichtigt werden müssen. Hierbei sollten auch die Aspekte zur Logistik mit einbezogen werden. Je genauer ein Hersteller seine Zielgruppe kennt und logistisch in der Lage ist, genau an diese Zielgruppe auszuliefern, umso leichter ist diese Anforderung zu erfüllen. Bei der Verteilung der Nutzungsinformation über Content-Delivery-Systeme können die richtigen Informationseinheiten beispielsweise über geeignete Taxonomien, also über die Eingabe von Metadaten als Kategorien oder Klassen (Taxa), erreicht werden.

6.5 Nachhaltung, Pflege und Verbesserung

Die Pflicht zur Produktbeobachtung gilt auch für die Nutzungsinformationen. Dazu gehört das kontinuierliche Einsammeln der Rückmeldungen von den Zielgruppen, damit die Nutzungsinformation für die unterschiedlichen Versionen eines unterstützten Produkts im Laufe des gesamten Lebenszyklus auf dem neuesten Stand gehalten werden kann. Hierzu zählen auch Rückmeldungen zu Änderungen im Zusammenhang mit einer verbesserten Benutzerfreundlichkeit.

Die Norm verlangt, dass der Inverkehrbringer eine Methode entwickelt, mit der Änderungen am Produkt der Zielgruppe aktuell zur Verfügung gestellt werden können. Diese Forderung stellt insbesondere bei der Ausgabe der Nutzungsinformation als Papierdokumentation eine große Herausforderung dar.

Elektronische Nutzungsinformationen können z. B. über Content-Delivery-Systeme relativ leicht aktuell gehalten werden. In diesem Zusammenhang schlägt die Norm vor, auch Informationen zur Kundenzufriedenheit, zu Kundenbeschwerden, Kundendienstberichten und eventuellen Unfällen in die Nutzungsinformationen mit einfließen zu lassen. Dazu gehört auch, dass die Zielgruppe nach dem Kauf des Produkts über die Überarbeitung von sicherheitsrelevanten Informationen über die zur Verfügung stehenden Medien unterrichtet wird.

Zur Optimierung der Nutzungsinformation erlaubt die Norm ausdrücklich auch die Einbeziehung von Informationen, die von Dritten, z. B. über Youtube-Tutorials oder Blogs, veröffentlicht wurden. Ganz bewusst wurde dies in der Norm weder als Anforderung noch als Empfehlung formuliert, da die Menge an Informationen, die von Dritten über die Nutzung eines Produkts bereitgestellt wird, je nach Produkt (und insbesondere bei Verbraucherprodukten) unüberschaubar groß sein kann.

Einschub 5.4 Gebrauch wiederholbarer Verfahren

Der in Unterabschnitt 5.4 geregelte Gebrauch wiederholbarer Verfahren stellt eine Prozessanforderung dar und wird daher hier in KAPITEL 6 erläutert.

Nach der Norm müssen Nutzungsinformationen mit festgelegten wiederholbaren Verfahren entwickelt, hergestellt und erhalten werden.

Diese Verfahren müssen

- so geplant werden, dass ausreichend kompetente Entwickler zur Verfügung stehen, denen die Informationen in der geforderten Zeit zugänglich gemacht werden,
- einem Qualitätsmanagement und Qualitätssicherung unterliegen und
- zur Verringerung von Inkonsistenzen und Unstimmigkeiten ein Informationsmanagement aus einer Hand verwenden (Single-Source-Prinzip).

Die Norm schlägt vor, dass der Informationsinhalt während der gesamten erwarteten Lebensdauer zur Wiederverwendung aufbewahrt und zur Bewahrung des neuesten Stands instand gehalten wird. Der Informationsinhalt sollte zum Gebrauch mit ähnlichen Produkten und zukünftigen Produktversionen anpassbar sein.

7 Inhalt von Nutzungsinformationen

Hinweis:
Die Informationen müssen in dieser Reihenfolge weder entwickelt noch dargestellt werden.

Liste der Anforderungen an den Inhalt von Nutzungsinformationen

Unterabschnitt	Zu prüfende Anforderung	Notizen
Einhaltung allgemeiner Anforderungen		
7.1 Allgemeines	– Die Nutzungsinformationen enthalten die für die Zielgruppe erforderlichen Informationen für einen sicheren, effizienten und effektiven Gebrauch des Produkts (identisch mit KAPITEL 5.2.1) – Das Prinzip des Minimalismus wird eingehalten (identisch mit KAPITEL 5.3.3) – Die Nutzungsinformationen beschreiben die bestimmungsgemäße Verwendung des Produkts – Die Nutzungsinformationen helfen der Zielgruppe dabei, ▹ nicht vertretbare Sicherheitsrisiken, ▹ Fehlfunktionen, ▹ Schäden am Produkt selbst oder ▹ ineffizienten Betrieb zu vermeiden – Die Nutzungsinformationen helfen dabei, vernünftigerweise vorhersehbare Fehlanwendungen festzustellen und zu vermeiden	
Identifikation		
7.2.1 Nutzungsinformationen	– Das Informationsprodukt ist eindeutig identifizierbar – Das Informationsprodukt ist ausgewiesen durch eine eindeutige Kennzeichnung und Referenzinformationen	
7.2.2 Produkt	– Die Nutzungsinformationen identifizieren eindeutig das unterstützte Produkt – Die Nutzungsinformationen enthalten die eindeutige Kennzeichnung des unterstützten Produkts (**soweit anwendbar**) – **Falls** die Nutzungsinformationen mehr als eine Produktversion beschreiben: ▹ Die Kennzeichnung der Produktversion ist am Produkt und in den Nutzungsinformationen deutlich erkennbar	
7.2.3 Inverkehrbringer	Die Nutzungsinformationen geben über den Inverkehrbringer des Produkts an: – Name und Adresse – Kontaktdaten ▹ **Sofern angeboten:** Kontaktdaten ▹ von Zulieferern spezieller Werkzeuge ▹ von Zulieferern von Material ▹ von autorisierten Kundendienstzentren für das Produkt ▹ für technischen Support	

Unterabschnitt	Zu prüfende Anforderung	Notizen
Aufbewahrung von gedruckten Nutzungsinformationen		
7.3	– **Sofern** die Nutzungsinformation in Papierform bereitgestellt ist: ▹ Die Nutzungsinformation lenkt die Aufmerksamkeit der Zielgruppe auf die Bedeutung der Aufbewahrung während des Lebenszyklus des unterstützten Produkts – Der Inverkehrbringer macht zusätzliche Exemplare von Nutzungsinformationen während des gesamten Produktlebenszyklus auf Nachfrage verfügbar	
Darstellungsformen		
7.4	– Die Nutzungsinformationen listen die angewendeten Darstellungsformen auf und erklären diese	
Terminologie, Erläuterung von Akronymen, Abkürzungen, Fachwörtern, Sicherheitszeichen, grafischen Symbolen und Kennzeichnungen		
7.5 Terminologie	– Die Terminologie ist in den gesamten Nutzungsinformationen, auf dem Produkt und seiner Verpackung konsistent – Die Terminologie ist eindeutig – **Sofern** die Zielgruppe über keine Fachkenntnisse verfügt: ▹ Die Nutzungsinformationen erklären die genutzte Terminologie – **Sofern** die Nutzungsinformationen eines Systems (z. B. einer Anlage) Dokumente von anderen Inverkehrbringern mit unterschiedlicher Terminologie enthalten: ▹ Die Nutzungsinformationen erläutern die Bedeutung der unterschiedlichen Benennungen so, dass der Nutzer die unterschiedlichen Benennungen in den unterschiedlichen Dokumenten einfach zuordnen kann	
7.6 Akronyme, Fachwörter, Abkürzungen	– Die Nutzungsinformationen listen auf und erklären alle ▹ unvermeidbare Fachwörter, ▹ Akronyme und ▹ Abkürzungen, **soweit** diese nicht ohne Weiteres von der Zielgruppe verstanden werden können	
7.7 Erklärung grafischer Symbole	– Alle Sicherheitszeichen, grafischen Symbole, Piktogramme, Kennzeichnungen und Bildzeichnungen, die auf dem Produkt selbst oder der Verpackung angegeben sind, werden erklärt	
Produktbeschreibung		
7.8.1 Allgemeines	– Die Zielgruppe kann die wesentlichen Funktionen des Produkts in dem Kontext verstehen, in dem es verwendet werden soll – Die bestimmungsgemäße Verwendung ist deutlich und eindeutig beschrieben – Die technischen Grenzen und Bedingungen, unter denen der Gebrauch des Produkts vorgesehen ist, sind berücksichtigt	
7.8.2 Visualisierung	Abschnitt enthält keine Anforderungen, nur Empfehlungen	

Unterabschnitt	Zu prüfende Anforderung	Notizen
7.8.3 Spezifikationen	– Die Produktbeschreibung enthält, **soweit zutreffend,** folgende Spezifikationen: ▹ vollständige Abmessungen, z. B. Maße, Gewicht, Fassungsvermögen und Leistung ▹ Informationen zu den elektrischen Nennwerten (z. B. Eingangsspannung) ▹ Informationen zu Energieverbrauch, Energieeffizienzklasse, Isolierungsklasse und IP-Code (ist in IEC 60529 festgelegt) ▹ Kommunikationsschnittstellen und Protokolle ▹ Anforderungen an die Gasversorgung (z. B. Typ, Druck), Wasserversorgung und andere relevante Informationen, z. B. über Reinigungsmittel, Schmierstoffe und Sicherungen (z. B. Art, Nennwert und Auslösecharakteristiken) ▹ Schallemissionspegel, Abfallaufkommen usw. unter Angabe der jeweiligen Bedingungen ▹ elektromagnetische Verträglichkeit ▹ Beschreibung des beabsichtigten Nutzers und, besonders im Fall von barrierefreien Produkten, eine eindeutige Aussage über alle besonderen Vorkehrungen, die vom Nutzer befolgt werden sollten ▹ Normen und rechtliche Anforderungen, die das unterstützte Produkt erfüllt ▹ Anmerkungen zur bestimmungsgemäßen Verwendung und zur vernünftigerweise vorhersehbaren Fehlanwendung des unterstützten Produkts ▹ Beschreibung der Bedienelemente und Anzeigen, die auf die jeweilige(n) Komponente(n) zutreffen ▹ zulässige Umweltbedingungen wie Umgebungstemperatur oder -luftfeuchte ▹ Informationen zum Herstellungsjahr, Verfallsdatum oder Begrenzungen der Betriebsstunden, wenn die Lebensdauer der unterstützten Produkte absichtlich begrenzt ist	
Informationen zu mitgelieferten Zubehörteilen, Verbrauchsmaterialien und Ersatzteilen		
7.9.1 Mitgelieferte Zubehörteile	**Soweit** Zubehörteile erforderlich sind: Die Nutzungsinformationen enthalten für jedes mitgelieferte Zubehörteil folgende Informationen: – Name, Teilenummer – Illustrationen, die es der Zielgruppe ermöglichen, das Zubehörteil zu identifizieren und zu bestimmen, wo es anzubringen ist – Beschreibung von Funktion und Zweck – Zur Installation des Zubehörteils erforderliche Informationen – Für eine Ersatzbestellung erforderliche Informationen	

Unterabschnitt	Zu prüfende Anforderung	Notizen
7.9.2 Verbrauchsmaterialien	**Soweit** Verbrauchsmaterialien erforderlich sind: Die Nutzungsinformationen enthalten: – Informationen zur empfohlenen Menge – Beschreibung der Verbrauchsmaterialien – Modellname oder Teilenummer des Inverkehrbringers und allgemeine Benennung – Illustrationen zur Position der Verbrauchsmaterialien und zum Zugang (Informationen, wie Verbrauchsmaterialien entfernt, ausgetauscht oder nachgefüllt werden) – Informationen zur Entsorgung der Verbrauchsmaterialien – Informationen darüber, wann ein Verbrauchsmaterial nicht mehr nutzbar ist	
7.9.3 Ersatzteile	**Soweit** das Produkt über austauschbare Teile verfügt: – Eine Ersatzteilliste wird mitgeliefert	
Während des Lebenszyklus des unterstützten Produkts erforderliche Nutzungsinformationen		
7.10.1 Allgemeines	Die Nutzungsinformationen: – machen deutlich, wenn juristische oder Sicherheitsvorgaben die Installation, den Betrieb oder die Instandhaltung durch nicht geschulte Personen verbieten – machen klare Angaben zu den erforderlichen Qualifikationen und Kompetenzen	
7.10.2 Erneutes Verpacken	**Falls anwendbar:** – Die Nutzungsinformationen enthalten Informationen zu besonderen Vorkehrungen, die beim erneuten Verpacken getroffen werden müssen	
7.10.3 Transport und Lagerung	**Falls anwendbar:** – Die Nutzungsinformationen enthalten Informationen zum Schutz des Produkts und für die Sicherheit von Personen während Transport und Lagerung	

Unterabschnitt	Zu prüfende Anforderung	Notizen
7.10.4 Installation	**Falls anwendbar:** – Die Nutzungsinformationen beantworten folgende Fragen zur Installation: ▷ Außen an der Verpackung: Wie wird das Produkt ausgepackt und die Verpackung entsorgt? ▷ Was ist zu tun, wenn das Produkt oder die Verpackung beschädigt ist? ▷ Was ist zu tun, wenn die Verpackung unabsichtlich vor Gebrauch geöffnet worden ist? ▷ Wie werden Transport- und Verpackungssicherungen und Befestigungsklemmen entfernt? ▷ Checkliste: Was ist in der Verpackung? ▷ Wie viel Platz wird mindestens für Betrieb, Instandhaltung und Reparatur benötigt? ▷ Anordnungsplan ▷ Anschlussplan ▷ Welche rechtlichen Anforderungen, Vorgehensweisen und Vorkehrungen gibt es für die Anschlüsse an Energie- und Wasserversorgung, Kanalisation oder andere zusätzliche Versorgungseinrichtungen? ▷ Bedingungen für Montage und Installation, einschließlich Befestigung (ggf. erdbebensicher) ▷ Wie wird überprüft, ob das Produkt ordnungsgemäß installiert ist und zur bestimmungsgemäßen Verwendung bereit ist? – Die Nutzungsinformationen geben Auskunft darüber, wenn am Lieferort die Installation durch nicht geschulte Personen verboten ist und spezifizieren die erforderlichen Fachkenntnisse	
7.10.5 Inbetriebnahme	– Die Nutzungsinformationen müssen die für die Inbetriebnahme des Produkts notwendigen Informationen beinhalten, bevor das Produkt betriebsbereit übergeben wird	
7.10.6 Modifikation	**Wenn** keine Modifikationen zulässig sind: – Die Nutzungsinformationen enthalten einen deutlichen Hinweis auf diese Einschränkung und die aus einer Modifikation entstehenden Konsequenzen **Wenn** Modifikationen zulässig sind: – Die Nutzungsinformationen beschreiben und illustrieren eindeutig, wie die erlaubten Modifikationen durchzuführen sind **oder** – verweisen die Zielgruppe zu einer Quelle mit den relevanten Informationen	
Betrieb des unterstützten Produkts		
7.10.7.1 Allgemeines	Die Nutzungsinformationen geben Informationen: – zum Normalbetrieb – zu außergewöhnlichen Situationen – zu Notsituationen	

Unterabschnitt	Zu prüfende Anforderung	Notizen
7.10.7.2 Normalbetrieb	Die Nutzungsinformationen enthalten: – Illustrationen, die das Verständnis der Hauptfunktionen und vorbeugenden Sicherheitsvorkehrungen verdeutlichen und oder stärken – Informationen, wann und wie das Produkt verwendet werden soll – Informationen über Vor-Ort-Steuerung und Fernsteuerung und wie zwischen beiden umgeschaltet wird – Informationen für automatisch gesteuerte und ferngesteuerte Produkte – Informationen zwischen Handbetrieb und automatischem Betrieb und wie zwischen beiden umgeschaltet wird – Informationen über Möglichkeiten, den Betrieb des Produkts zu starten und zu stoppen – Informationen zu vorbereitenden Arbeitsaufläufen, Prüfungen, Anpassungen oder Vorbehandlungen, die vor jedem bestimmungsgemäßen Gebrauch erforderlich sind – Informationen zur Identifizierung und Korrektur von Fehlfunktionen – Empfehlungen für die Entsorgung von Abfällen Informationen zur Steuerung erklären folgende Zustandsanzeigen: – Normalbetrieb – Information, dass das System automatisch in den sicheren Betriebsmodus umgeschaltet hat, bevor eine gefährliche Situation entstanden ist – den gegenwärtigen Betriebszustand – Maßnahmen bei Ausfall des Steuerungssystems – Information, ob sich das System im Hand-, Vor-Ort- oder automatischen Betrieb befindet	
7.10.7.3 Außergewöhnliche Situationen, Notsituationen	Die Nutzungsinformationen decken Folgendes ab: – Handlungsabfolgen, die im Falle einer unerwarteten Unterbrechung der Stromversorgung, Kühlung, von Steuerfunktionen und anderen Notsituationen vorgenommen werden müssen – Störungsmeldungen und -lokalisierung – Neustart nach einem Eingriff – Art von Brandbekämpfungsgeräten, die im Falle eines Brandes einzusetzen sind – Vorhersehbare Emissionen, Lecks oder Schadstoffzersetzung zusammen mit den dazugehörigen Warnungen zu den möglichen Gefährdungen und Vorkehrungen, wie diese vermieden werden können – Erste-Hilfe-Maßnahmen, die für vorhersehbare akute Erkrankungen empfohlen werden und in Zusammenhang mit der Anwendung des Produkts eintreten können, einschließlich eines Hinweises auf eine anschließende professionelle medizinische Behandlung	

Unterabschnitt	Zu prüfende Anforderung	Notizen
7.10.8 Fehleranzeigen und Signale von Warneinrichtungen	– Anzeigen für den Normalbetrieb und außergewöhnlichen Betrieb, Betriebsanzeigen und Signale von Warneinrichtungen sind erklärt und wiedererkennbar. Auf diese Informationen kann zugegriffen werden, ohne dass das unterstützte Produkt in Betrieb ist – Signale oder Anzeigen zum Darstellen drohender Schadensrisiken oder unmittelbarer Gefahr sind eindeutig und können ohne Weiteres verstanden werden	
7.10.9 Bedeutung von Signalen	– Die Bedeutung von Signalen und Blinkanzeigen, Farbänderungen oder akustischen Signalen ist erklärt und kann von der Zielgruppe eindeutig erkannt und verstanden werden	
Instandhaltung des Produkts durch nicht geschulte Personen und Fachkräfte		
7.10.10.1 Allgemeines	– Instandhaltungsinformationen für nicht geschulte Personen und Fachkräfte sind voneinander gesondert bereitgestellt	
7.10.10.2 Nicht geschulte Personen	**Soweit** nicht geschulte Personen Instandhaltungsarbeiten durchführen dürfen: – Die Nutzungsinformationen beschreiben die Instandhaltungsarbeiten anhand geeigneter Illustrationen und einer Erklärung der Art und Häufigkeit dieser Aufgaben – Es wird zwischen regelmäßigen (z. B. täglichen) Wartungsarbeiten, periodischen (kurz- und langfristigen) Instandhaltungsarbeiten und Inspektionsaktivitäten unterschieden – Materialien und Werkzeuge, die zur Reinigung verwendet werden, z. B. geeignete chemische Substanzen, Bekleidung und Bürsten, sind erläutert – Mögliche Risiken, die sich aus der Verwendung von ungeeigneten Materialien und Werkzeugen ergeben, sind klar benannt – Instandhaltungsarbeiten, die nicht von ungeschulten Personen durchgeführt werden sollten, sind klar benannt. Außerdem sind Informationen bereitgestellt, wie der Inverkehrbringer oder andere, von denen fachliche Hilfe zu erhalten ist, erreicht werden können	

Unterabschnitt	Zu prüfende Anforderung	Notizen
7.10.10.3 Fachkräfte	– Instandhaltungsinformationen für Fachkräfte enthalten: ▷ Angaben zur Art und Häufigkeit von Inspektionen ▷ Sicherheitsvorkehrungen und Warnhinweise für Instandhaltungsmaßnahmen bei laufendem oder unter Spannung stehendem Gerät ▷ Zeichnungen und Diagramme zur effektiven Ausführung der Instandhaltung ▷ Angaben für die regelmäßige Überprüfung von Warneinrichtungen ▷ Einzelheiten zu Reinigungsmethoden ▷ Angaben zu den benötigten Werkzeugen und Materialien ▷ Zeitpläne für die geplante regelmäßig wiederkehrende Instandhaltung oder vorhersehbare Instandhaltung auf Grundlage der Ergebnisse der Zustandsüberwachung der betroffenen Systeme und Komponenten oder eine beliebige Kombination beider Methoden ▷ Kontaktinformationen des Inverkehrbringers oder anderen, die fachliche Unterstützung leisten können	
Instandhaltung komplexer Systeme		
7.10.11 Komplexe Systeme	– Die Instandhaltungsinformationen enthalten folgende Angaben: ▷ Sicherheitsvorkehrungen zur Durchführung der Instandhaltungsmaßnahme (z. B. vollständige oder partielle Abschaltung) ▷ Verfahren für den Zugang zu Teilsystemen oder Komponenten zur Durchführung der Instandhaltungsmaßnahme, einschließlich Mittel für Not-Aus-Einrichtungen	
Fehlerbehebung und Reparatur des unterstützten Produkts durch nicht geschulte Personen und Fachkräfte		
7.10.12.1 Allgemeines	– Die Informationen für Fachkräfte und nicht geschulte Personen sind getrennt (separate Informationsprodukte oder Topics)	
7.10.12.2 Informationen für nicht geschulte Personen	**Nur wenn** nicht geschulte Personen Fehlerbehebungen oder Reparaturhandlungen ohne Schadensrisiko für sich oder das Produkt ausführen dürfen: Es sind Informationen zur – Vorgehensweise bei der Reparatur und, – **falls erforderlich,** zur Vorgehensweise der Prüfung nach der Reparatur bereitgestellt	

Unterabschnitt	Zu prüfende Anforderung	Notizen
7.10.12.3 Informationen für Fachkräfte	**Nur wenn** Fachkräfte Fehlerbehebung oder Reparaturhandlungen ausführen dürfen: Es sind Informationen zur – Vorgehensweise bei der Reparatur und, – **falls erforderlich,** zur Vorgehensweise der Prüfung nach der Reparatur bereitgestellt **Soweit anwendbar:** – Liste ▹ der Anzeigen zur Fehleridentifizierung und -lokalisierung ▹ der Anzeigen zum Normalbetrieb – Beschreibungen von eingebauten Diagnosesystemen als Hilfe zur Fehlererkennung – Zeichnungen und Pläne zur effektiven Ausführung der Fehlerbehebung – Hinweise ▹ wie Gerätefehlfunktionen erkannt werden ▹ zu nicht üblichem Geräteverhalten ▹ zu nicht üblichen Symptomen und Anzeigen ▹ zum Protokollieren von Alarm- und Auslösungszuständen ▹ zum Start von Stand-by- oder Ersatzsystemen ▹ zum Ausschalten und Isolieren von Einheiten, die nicht bestimmungsgemäß funktionieren – Reparaturen und Anpassungen – Hilfen ▹ für Fehlerbehebungsverfahren ▹ für schrittweise Fehlerdiagnose für Algorithmen ▹ bei komplexen Systemen für Fehlerbäume und rechnerunterstützte Fehlerdiagnose – Eindeutige Festlegung, welche Fehlzustände und Reparaturen zu unterlassen sind – Kontaktdaten zu Fachleuten, von denen fachliche Hilfe in Anspruch genommen werden kann	
Austausch von Teilen durch nicht geschulte Personen und Fachkräfte		
7.10.13.1 Allgemeines	– Die Informationen für Fachkräfte und nicht geschulte Personen sind getrennt (separate Informationsprodukte oder Topics) – Es sind die Kontaktdaten des Inverkehrbringers oder anderer bereitgestellt, von denen fachliche Hilfe in Anspruch genommen werden kann	

Unterabschnitt	Zu prüfende Anforderung	Notizen
7.10.13.2	**Soweit** der Austausch von Teilen ohne Schadensrisiko für Personen oder das Produkt zugelassen ist: Es sind folgende Informationen bereitgestellt: – Vorgehensweise beim Austausch – **falls erforderlich,** Vorgehensweise der Prüfung nach dem Austausch – Ersatzteilquelle – Austausch und Platzierung von Labels, **soweit** dies während der zu erwartenden Lebenszeit des Produkts erforderlich ist	
Demontage, Recycling und Entsorgung des unterstützten Produkts		
7.10.14.1 Allgemeines	– Die Nutzungsinformationen enthalten Informationen zu Demontage, Recycling oder Entsorgung des Produkts	
7.10.14.2 Demontage	– **Wenn** die Demontage durch die Zielgruppe zulässig ist, sind unter gebührender Berücksichtigung der Sicherheit und des Umweltschutzes Informationen dazu bereitgestellt	
7.10.14.3 Recycling	– **Falls** bestimmte Verfahren für das Recycling des Produkts oder seiner Komponenten erforderlich sind, sind die Nutzungsinformationen in Einklang mit den einschlägigen rechtlichen Anforderungen und Normen bereitgestellt	
7.10.14.4 Entsorgung	– Sicherheit und Umweltschutz sind gebührend in den Informationen für die Entsorgung berücksichtigt **Nur bei** Produkten, die Daten oder geistiges Eigentum enthalten: Die Nutzungsinformationen treffen Aussagen: – zu Verantwortlichkeiten in Bezug auf die Entsorgung – zur Eigentumsbestimmung von gespeicherten Daten und IT-Assets – zu Verfahren zur Entfernung und Aufbewahrung oder zur Zerstörung von IT-Assets – zu Verfahren zur Bestätigung, dass die Daten von den Datenspeichermedien entfernt wurden, bevor diese recycelt wurden, oder zur physischen Zerstörung der Geräte	

Unterabschnitt	Zu prüfende Anforderung	Notizen
Sicherheitsbezogene Informationen		
7.11.1 Arten von sicherheitsbezogenen Informationen	– Es wird zwischen drei Arten von sicherheitsbezogenen Informationen unterschieden: ▹ Sicherheitszeichen und Produktsicherheitslabel ▹ Sicherheitshinweise ▹ Warnhinweise – Sicherheitsbezogene Einschränkungen des Gebrauchs des Produkts sind angegeben – Die sicherheitsbezogenen Informationen erstrecken sich auch auf die Informationen zur bestimmungsgemäßen sicheren Verwendung des Produkts, einschließlich: ▹ der vorgesehenen Umgebung ▹ der Art der Anwendung ▹ der benötigten Werkzeuge ▹ der Schutzeigenschaften des zu installierenden oder zu aktivierenden Produkts ▹ der sicheren Verwendung und Entsorgung des Produkts ▹ der Arbeitsmaterialien und Verbrauchsmaterialien ▹ der Identifizierung zulässiger Änderungen des Produkts ▹ Verfahren, um das Produkt in einem sicheren Zustand zu halten und sicher zu entsorgen	
7.11.2 Platzierung	– Sicherheitshinweise sind am Anfang der Nutzungsinformationen in einem gesonderten Abschnitt oder Teil platziert – Der Abschnitt/Teil zu den Sicherheitshinweisen: ▹ ist klar identifizierbar ▹ hat eine Überschrift, die die Bedeutung der Inhalte deutlich macht – Warnhinweise sind in Schritt-für-Schritt-Anleitungen in dem Zusammenhang genannt, in dem eine Gefährdung wahrscheinlich auftritt – **Soweit** eine persönliche Schutzausrüstung erforderlich ist: ▹ Informationen zur persönlichen Schutzausrüstung sind zu Beginn einer Aufgabe, für die die persönliche Schutzausrüstung erforderlich ist, bereitgestellt ▹ Informationen zur persönlichen Schutzausrüstung sind, **soweit anwendbar**, auf der Produktverpackung und dem Produkt selbst bereitgestellt	
7.11.3 Zielgruppen	– Informationen zu Gefährdungen von besonders gefährdeten Zielgruppen sind zu Beginn der Nutzungsinformationen angegeben – Informationen zu Gefährdungen von besonders gefährdeten Zielgruppen sind zur Betonung hervorgehoben	

<table>
<tr><th>Unterabschnitt</th><th>Zu prüfende Anforderung</th><th>Notizen</th></tr>
<tr><td colspan="3">Sicherheitshinweise</td></tr>
<tr><td>7.11.4 Sicherheitshinweise</td><td>– Sicherheitshinweise nennen mindestens:
▹ mögliche Gefährdungen
▹ falls erforderlich, ihre Ursachen
▹ Angaben, wie die Gefährdungen zu vermeiden sind
▹ die möglichen Konsequenzen, wenn die Gefährdungen nicht vermieden werden
– Die Sicherheitshinweise beginnen mit einer allgemeinen Aussage, die betont, wie wichtig es ist, sie zu lesen
– Die Sicherheitshinweise decken folgende Informationen ab:
▹ Identifizierung von Gefahren mit geeigneten Grafiken, einschließlich:
· vernünftigerweise vorhersehbarem Fehlgebrauch
· nicht empfehlenswerten Änderungen am Produkt
· Informationen, wann das Produkt aufgrund von Verschleiß oder Beschädigung nicht mehr sicher zu verwenden ist
· Strahlung, einschließlich aller versiegelten Gefahren, z. B. Quellen ionisierender Strahlung, Laser (nach IEC 60825-1), Mikrowellen-, Ultraviolett-, Infrarot- und Letalspannungen
· Substanzen, die krebserregend, erbgutverändernd oder fortpflanzungsgefährdend sind, oder andere Stoffe, bei denen nach wissenschaftlichen Erkenntnissen eine mögliche Gefährdung der Gesundheit des Menschen besteht
· Schalldruckpegel
▹ mögliche schädliche Folgen eines unsicheren Gebrauchs
▹ Sicherheitsvorkehrungen (Mittel zu Vermeidung von Gefährdungen) wie Schutzkleidung oder -brillen; Einschränkungen beim Personal, das das Produkt verwenden kann; Einhaltung von Bedienelementen und Anzeigen am Produkt, Sicherheitszeichen und Labels; Verwahrung von Schlüsseln und Passwörtern
▹ Mittel zur Wiederherstellung nach Gefährdungen, einschließlich Notfallverfahren und Gebrauch von Notfallausrüstung</td><td></td></tr>
<tr><td colspan="3">Warnhinweise</td></tr>
<tr><td>7.11.5.1 Allgemeines</td><td>– Warnhinweise nennen mindestens:
▹ mögliche Gefährdungen
▹ falls anwendbar, ihre Ursachen
▹ Maßnahmen, wie die Gefährdungen zu vermeiden sind
▹ mögliche Konsequenzen, wenn die Gefährdungen nicht vermieden werden
– Jeder Warnhinweis ist entweder vor dem ersten Schritt einer Schritt-für-Schritt-Anleitung gesetzt oder direkt vor dem relevanten Schritt der Schritt-für-Schritt-Anleitung eingebunden
– Warnhinweise zur Vermeidung von Gefährdungen sind prägnant</td><td></td></tr>
</table>

Unterabschnitt	Zu prüfende Anforderung	Notizen
7.11.5.2 Gestaltung	– Warnhinweise sind konsistent gestaltet – Warnhinweise sind auffällig und hervorgehoben – Folgendes ist berücksichtigt: ▷ Warnhinweise beginnen mit Signalwörtern ▷ Text und Illustrationen sind auf das Wesentliche beschränkt ▷ Die Platzierung der Warnhinweise, ihr Inhalt und Stil sind auffällig ▷ Warnhinweise sind für die Zielgruppe und für andere gefährdete Personen sichtbar von ihrer Position aus während der Verwendung und zum richtigen Zeitpunkt ▷ Warnhinweise sind wie im Rahmen der Risikobeurteilung festgelegt platziert	
Signalwörter		
7.11.5.3 Personenschäden	Abschnitt enthält keine Anforderungen, nur Empfehlungen	
7.11.5.4 Sachschäden	Abschnitt enthält keine Anforderungen, nur Empfehlungen	
Sicherheitsbezogene Informationen in Kurzanleitungen		
7.11.6 Kurzanleitungen	– Kurzanleitungen enthalten alle entscheidenden sicherheitsbezogenen Informationen, die für die in der Kurzanleitung beschriebenen Aufgaben erforderlich sind – Kurzanleitungen machen der Zielgruppe deutlich, warum und wann die zusätzlichen sicherheitsbezogenen Informationen in der Nutzungsinformation gelesen werden müssen – Kurzanleitungen enthalten Verweise auf sicherheitsbezogene Informationen in der Anleitung: ▷ Der Verweis ist eindeutig und zu Beginn der Kurzanleitung zusammen mit dem allgemeinen Warnzeichen und/oder einem Signalwort auffällig dargestellt ▷ Der Text des Verweises beschreibt die möglichen Konsequenzen einer Nichteinhaltung der allgemeinen Sicherheitshinweise	

Unterabschnitt	Zu prüfende Anforderung	Notizen
7.12 Produkte zur Selbstmontage	– Die Montageanleitung präsentiert die Abfolge der Montagehandlungen in Form einer Schritt-für-Schritt-Abfolge anhand von Illustrationen, von denen jede von einem Text begleitet wird, der sich in unmittelbarer Nähe dieser Illustration befindet – Wo es erforderlich ist, sind erläuternde oder hinweisende Informationen und Warnungen bereitgestellt – Die Nutzungsinformation spezifiziert die Anleitungen für jeden Montageschritt wie folgt: ▹ die Komponenten und andere in diesem Schritt gebrauchte Objekte ▹ wie Komponenten auszurichten und zu positionieren sind ▹ die Handlungen, die der Monteur zum Formen, Anbringen oder Anschließen der Komponenten durchzuführen hat ▹ die geeigneten erforderlichen Werkzeuge ▹ zu treffende Sicherheitsvorkehrungen oder bei diesem Schritt zu vermeidende vorhersehbare Fehler ▹ wie die korrekte Passung der Komponenten und ihre Anbringung in der erforderlichen Festigkeit verifiziert werden kann – **Soweit** die Montage oder die Errichtung besondere Fähigkeiten erfordert, ist dies durch eine Warnung wie „zur Montage durch einen qualifizierten Elektriker" oder „Montage durch Erwachsene erforderlich" deutlich in der Nutzungsinformation angezeigt Weitere Anforderung, die sich auf den Prozess bezieht: – Das Risikomanagement (siehe KAPITEL 6.2.7) behandelt vorhersehbare Fehler durch einen Monteur, die wahrscheinlich die Sicherheit einer Person bei der Montage oder die Sicherheit des fertigen Produkts gefährden	
7.13 Komplexe Systeme	– Jedes System ist als Ganzes in den Nutzungsinformationen enthalten und schließt Nutzungsbeschränkungen und Sicherheitshinweise auf Ebene des Gesamtsystems ein – Betriebsaufgaben sind mit Schritt-für-Schritt-Anleitungen für ein System so strukturiert, dass sie den Nutzern Aufgaben vorgeben und nicht nur die Beziehung zwischen den Systemkomponenten beschreiben	
Informationssicherheit und Datenschutz		
7.14.1 Allgemeines	**Soweit** Systeme Daten enthalten: – Die Nutzungsinformationen enthalten Anleitungen für Funktionen, die dem Schutz der Vertraulichkeit, Integrität und Verfügbarkeit der Daten vor Verlust oder Missbrauch dienen Bei ferngesteuerten oder netzverbundenen Produkten: – Die Nutzungsinformationen schließen Funktionen ein, die Missbrauch oder unbefugter Zugriff (Hacking), z. B. die Änderung von Standardpasswörtern, verhindern	
7.14.2 Funktionen für die Zugriffskontrolle und den Schutz vertraulicher Daten	– Bei der Erstellung, dem Austausch, der Bereitstellung oder der Speicherung von Informationen werden die gängigsten Methoden zur Bereitstellung von Informationsschutz oder -sicherheit (Verschlüsselung, Datensicherung, Datenmaskierung und Datenvernichtung) berücksichtigt	

Unterabschnitt	Zu prüfende Anforderung	Notizen
7.15 Schulung	**Soweit** eine Schulung für die Zielgruppe erforderlich ist: – Nutzungsinformationen weisen auf die Erforderlichkeit einer Schulung hin	

7.1 Allgemeines

Die Norm setzt voraus, dass die Nutzungsinformationen alle für die Zielgruppe erforderlichen Informationen für einen sicheren, effizienten und effektiven Gebrauch des Produkts enthalten. Diese Forderung ist identisch mit der Forderung in KAPITEL 5.2. Nähere Hinweise finden sich dort.

Darüber hinaus muss das Prinzip des Minimalismus eingehalten werden. Informationen hierzu siehe KAPITEL 5.3.3.

Nach der Norm ist es notwendig, dass die bestimmungsgemäße Verwendung des Produkts in der Nutzungsinformation beschrieben wird. Die Nutzungsinformation muss der Zielgruppe insbesondere helfen, nicht vertretbare Sicherheitsrisiken, Fehlfunktionen, Schäden am Produkt oder ineffizienten Betrieb zu vermeiden. Nutzungsinformation müssen auch dabei helfen, vernünftigerweise vorhersehbare Fehlanwendungen festzustellen und zu vermeiden. Nähere Informationen hierzu siehe KAPITEL 7.8 und KAPITEL 7.11.1.

7.2 Kennzeichnungen

7.2.1 Identifikation von Nutzungsinformationen

Die Norm verlangt, dass das Informationsprodukt eindeutig identifizierbar ist. Als Beispiel zur Identifikation werden genannt:
- Titel
- Identifikationsnummer
- Ausstellungsdatum
- Überarbeitungsnummer (Version) und Ausgabedatum der Überarbeitung
- Kennzeichnung für die Sprache
  (ISO 639-2 enthält Standardcodes zur Identifikation von Sprachen)

Diese Forderung korrespondiert mit der Forderung, dass das Informationsprodukt das unterstützte Produkt eindeutig identifizieren muss (siehe KAPITEL 7.2.2).

7.2.2 Identifikation des unterstützten Produkts

Nach der Norm ist es erforderlich, dass die Nutzungsinformationen das unterstützte Produkt eindeutig identifizieren. Hierzu könnten außer einem Seriennummernbereich, der das Informationsprodukt kennzeichnet, auch Losnummern und Informationen zur Konfiguration andere Besonderheiten des unterstützten Produkts sinnvoll sein. Ein direkter Bezug zwischen Nutzungsinformationen und Produkt kann durch Illustrationen erzielt werden. Diese Informationen können bei gedruckten Informationsprodukten z. B. auf der Titelseite und in (lebenden) Kolumnentitel in der Kopf- oder Fußzeile angegeben werden. Bei Informationsprodukten, die elektronisch zur Verfügung gestellt werden, sind diese Information als Metadaten und/oder Startbildschirm sinnvoll.

Beschreibt eine Nutzungsinformation mehr als eine Produktversion, sind die einzelnen Versionen am Produkt (z. B. am Typenschild) und in der Nutzungsinformation deutlich erkennbar zu kennzeichnen.

7.2.3 Identifikation des Inverkehrbringers

Nach der Norm sind Name und Anschrift des Inverkehrbringers Teil der Nutzungsinformation des unterstützten Produkts. Dabei verlangt die Norm weitere Kontaktdaten wie Telefonnummern, E-Mail-Adresse und Hyperlinks. Weitere mögliche Kommunikationsmittel wie Fax, QR- oder Barcode können darüber hinaus zur Identifizierung beitragen.

Wenn zum Gebrauch des Produkts z. B. Werkzeuge und Materialien von Zulieferern notwendig sind, sind die Kontaktdaten dieser Zulieferer genauso anzugeben wie autorisierte Kundendienstzentren für den technischen Support.

7.3 Wichtigkeit der Aufbewahrung von gedruckten Nutzungsinformationen

Die Norm schreibt vor, dass bei Nutzungsinformation in Papierform auf die Wichtigkeit der Aufbewahrung während des Lebenszyklus des Produkts hinzuweisen ist. Zur Erfüllung dieser Anforderungen sind in der Norm zwei Beispiele aufgeführt:

Beispiel 1:

WICHTIG
VOR GEBRAUCH SORGFÄLTIG LESEN.
AUFBEWAHREN FÜR SPÄTERES NACHSCHLAGEN.

Beispiel 2:

	Für einen ordnungsgemäßen und sicheren Gebrauch dieser Anleitung folgen. Für späteres Nachschlagen aufbewahren.

Abbildung 5: Beispiele in Anlehnung an IEC/IEEE 82079-1 (7.3, Figure 2)

Diese und ähnliche Texte können aufmerksamkeitssteuernd wirken.

Das Beispiel 1 stammt noch aus der EN ISO 82079-1:2012, erfüllt allerdings nicht die Anforderungen der ANSI Z535.6 an die Lesbarkeit (wegen der Großbuchstaben). Daher ist es ratsam, sich an Beispiel 2 der IEC/IEEE 82079-1:2019 zu orientieren.

Der Inverkehrbringer wird darüber hinaus normativ dazu verpflichtet, auf Nachfrage Ersatzkopien während der gesamten vorgesehenen Lebensdauer z. B. auf der Webseite zur Verfügung zu stellen.

Damit die Nutzer zielgerichtet Ersatzdokumente nachfragen können, ist wiederum die Forderung aus KAPITEL 7.2 zur Identifikation der Nutzungsinformation, des unterstützten Produkts und des Inverkehrbringers wichtig.

7.4 Darstellungsformen

Normativ ist es erforderlich, dass angewandte Darstellungsformen im Informationsprodukt aufgelistet und erklärt werden.

Es ist also (mindestens) der Aufbau der Warnhinweise, Handlungsanweisungen und Verweise zu beschreiben. Wenn alle Konventionen konsequent eingehalten werden, ist allerdings davon auszugehen, dass sich dem Nutzer die Darstellungsformen von alleine erschließen. Im Sinne des Minimalismus (siehe KAPITEL 5.3.3) ist also zu überlegen, wie detailliert Darstellungsformen erläutert werden sollten.

7.5 Terminologie

Die Norm fordert, dass die Terminologie sowohl in der gesamten Nutzungsinformation als auch auf dem Produkt und seiner Verpackung konsistent und eindeutig ist.

Terme, die der Zielgruppe voraussichtlich nicht bekannt sind, sollten vermieden (siehe KAPITEL 5.3.7) oder z. B. in einem Glossar erklärt werden.

In Informationsprodukten für komplexe Systeme (z. B. eine Anlage), die auf Informationsprodukte anderer Inverkehrbringer mit abweichender Terminologie verweisen, ist die Bedeutung der unterschiedlichen Benennungen so zu erläutern, dass der Nutzer sie einfach zuordnen kann.

Das kann in gedruckten Informationsprodukten z. B. dadurch erreicht werden, dass vor jeder Dokumentation anderer Inverkehrbringer eine „Übersetzungsliste" für die genutzte Terminologie zur Verfügung gestellt wird.

Tabelle 5: Beispiel für eine Terminologie-Vergleichsliste

Hauptbenennung	Benennung des Zulieferers
Gasbrenner	Brenner
Kamin	Schlot
Thermolyse	Pyrolyse Anm.: Für den chemischen Prozess in der Anlage eigentlich nicht ganz korrekt, da das Ziel definierte Produkte (Benzin, Diesel, LPG und Paraffin) sind.

In elektronischen Informationsprodukten können unterschiedliche Technologien beispielsweise über Metadaten gelöst werden, die bei „Mouse-over-Aktionen" erscheinen.

7.6 Akronyme, Abkürzungen und Fachwörter

Bei der Verwendung unvermeidbarer Fachwörter, Akronyme (aus Anfangsbuchstaben bestehende Abkürzung) oder Abkürzungen verlangt die Norm, dass diese aufgelistet und erklärt werden, wenn sie nicht ohne Weiteres von der Zielgruppe verstanden werden können.

Hierfür bietet sich die Erstellung eines Glossars an.

7.7 Erklärung von Sicherheitszeichen, grafischen Symbolen und Kennzeichnungen

Die Norm fordert, dass alle Sicherheitszeichen, grafischen Symbole, Piktogramme, Kennzeichnungen und Bildzeichnungen, die auf dem Produkt selbst oder auf der Verpackung angegeben sind, erklärt werden.

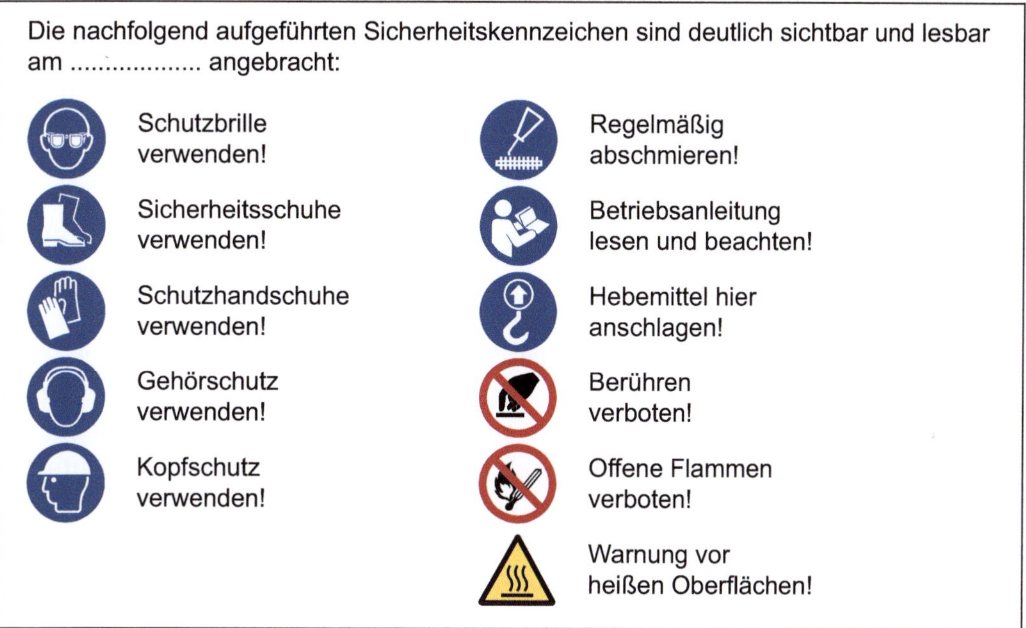

Abbildung 6: Beispiel für die Erläuterung von Piktogrammen

7.8 Produktbeschreibung

7.8.1 Allgemeine Beschreibung

Gemäß der Norm ist es notwendig, dass die Zielgruppe die wesentlichen Funktionen des Produkts in dem Kontext versteht, in dem es verwendet werden soll. Darüber hinaus ist die bestimmungsgemäße Verwendung deutlich und eindeutig zu beschreiben und die technischen Grenzen sind zu berücksichtigen.

Idealerweise kommen die Informationen zur bestimmungsgemäßen Verwendung und zur vernünftigerweise vorhersehbaren Fehlanwendung (Forderung aus KAPITEL 7.1) aus der Risikobeurteilung.

Zur Einordnung der bestimmungsgemäßen Verwendung ist es zunächst sinnvoll, die Grenzen des Produkts festzulegen. Nach der EN ISO 12100 beinhaltet diese die Verwendungsgrenzen, räumlichen Grenzen, zeitlichen Grenzen und weitere Grenzen.

In den Verwendungsgrenzen werden unter anderem die Betriebsarten festgelegt. Das können beispielsweise Normalbetrieb, Automatikbetrieb, manueller Betrieb oder Einrichtbetrieb sein. Außerdem sind die unterschiedlichen Lebensphasen wie Betrieb, Instandhaltung und Störungsbehebung zu berücksichtigen. Darüber hinaus werden hier der Einsatzbereich, die Zielgruppe und andere Personen, die Gefährdungen durch das Produkt ausgesetzt sein können, festgelegt.

Räumliche Grenzen beinhalten in erster Linie den Platzbedarf des Produkts und die Wechselwirkung zwischen den Bedienern und dem Produkt.

Zu den zeitlichen Grenzen gehören die Lebensdauer des Produkts und empfohlene Wartungsintervalle.

Weitere Grenzen von Produkten beziehen sich auf Materialien, Reinigung und Umweltaspekte.

All diese Punkte sind bei der Betrachtung des bestimmungsgemäßen Gebrauchs zu berücksichtigen (siehe auch KAPITEL 7.11.1).

Vernünftigerweise vorhersehbare Fehlanwendungen von Produkten kommen aus der Produktbeobachtung oder aus der Beobachtung ähnlicher Produkte, die sich bereits auf dem Markt befinden. Die Beschreibung der vernünftigerweise vorhersehbaren Fehlanwendung impliziert, der Zielgruppe mitzuteilen, wie sie sich nicht verhalten soll. Dies widerspricht eigentlich der Forderung nach Verständlichkeit (siehe KAPITEL 5.3.7). Der Zielgruppe sollte möglichst immer mitgeteilt werden, wie sie sich zu verhalten hat (aktive Formulierung).

Die Beschreibung der vernünftigerweise vorhersehbaren Fehlanwendung kommt unter anderem aus der Forderung der Maschinenrichtlinie, Anhang 12.1, Kapitel 1.7.4.1. Ein Satz wie „Fehlanwendungen sind alle Anwendungen, die nicht bei der bestimmungsgemäßen Verwendung beschrieben sind" ist allerdings wenig sinnvoll, da dieser Satz keine zusätzliche Information enthält.

Wichtig an dieser Stelle ist es, vor einer konkreten Handlung, die aus Bequemlichkeit, Zeitdruck oder falscher Intuition vorhersehbar falsch durchgeführt werden kann, einen Warnhinweis (siehe KAPITEL 7.11.5) zu platzieren. Dies wird auch in der Maschinenrichtlinie im Anhang I, Kapitel 1.7.4.2. gefordert.

Hinweis:
Alle Anforderungen der Maschinenrichtlinie an die Nutzungsinformation „Betriebsanleitung" siehe KAPITEL 12.1 *(Anhang).*

7.8.2 Visualisierung

Die Norm legt nahe, die Beschreibung durch eine Visualisierung des Produkts zu unterstützen. Das hilft der Zielgruppe, das Produkt und seine Hauptfunktionen zu identifizieren.

Nähere Informationen hierzu siehe KAPITEL 9.11.

7.8.3 Spezifikationen

Zur Produktbeschreibung gehören nach der Norm alle Spezifikationen zur Konkretisierung des unterstützten Produkts. Diese sind, soweit zutreffend, nach der Norm beispielhaft:

- Technische Daten, wie z. B. vollständige Abmessungen, Masse, elektrische Anschlusswerte und Angaben zum Verbrauch elektrischer Energie oder anderer Energieträger (z. B. Gas, Öl, Benzin, Wasserstoff)
  Zu bestimmten Produkten gibt es Mindestangaben, die aus Richtlinien und/oder C-Normen resultieren. So ist z. B. für Produkte, die unter die Maschinenrichtlinie (2006/42/EG) oder die sogenannte Outdoor-Richtlinie (2000/14/EG) fallen, der Schallemissionspegel anzugeben.
- Angaben zu Kommunikationsschnittstellen zu anderen Produkten und über die Protokolle, mithilfe derer die Informationen miteinander ausgetauscht werden können
- Angaben zur elektromagnetischen Verträglichkeit, insbesondere für Produkte, die für den Einsatz in hierfür sensible Bereiche vorgesehen sind (z. B. Medizinprodukte)
- Angaben zur bestimmungsgemäßen Verwendung und zur möglicherweise vorhersehbaren Fehlanwendung des unterstützten Produkts (siehe KAPITEL 7.8.1)
  Zur bestimmungsgemäßen Verwendung können unter Umständen auch die Umweltbedingungen zählen (z. B. im Freien, in der Halle, in einer explosionsgefährdeten Zone). Ob die Zuordnung bei der bestimmungsgemäßen Verwendung oder bei den technischen Daten sinnvoller ist, hängt vom Produkt und vom Konzept der Nutzungsinformation ab.
- Beschreibung der Bedienelemente und Anzeigen
  Diese Informationen sollten am Anfang der Nutzungsinformation (nach den Sicherheitshinweisen) vorgestellt werden, damit sich der Nutzer hiermit frühzeitig vertraut machen kann. Bei der Verwendung z. B. von Touchscreens bietet sich eine kontextsensitive Informationsvermittlung an.
- Informationen zur Begrenzung der Betriebsstunden, der Lebensdauer oder zu einem Verfallsdatum
  Diese Informationen können in der Informationseinheit für die Lebensphase Entsorgung sinnvoll untergebracht werden. In der Informationseinheit Wartung können darüber hinaus Informationen zur Begrenzung der Betriebsstunden bis zur nächsten Wartung platziert werden.

Diese inhaltlichen Forderungen der Norm bezüglich der Produktbeschreibung gelten auch für Maschinen im Sinne der Maschinenrichtlinie (2006/42/EG). Der Vollständigkeit halber sind alle inhaltlichen Forderungen aus der Maschinenrichtlinie im ANHANG aufgeführt.

7.9 Mitgelieferte Zubehörteile, Verbrauchsmaterialien, Ersatzteile

Zusammenfassend ist festzuhalten, dass die Norm fordert, dass die Nutzungsinformation alle Informationen zur Bestellung mitgelieferter Zubehörteile, Verbrauchsmaterialien und Ersatzteile enthält.

Darüber hinaus sind alle Informationen für den jeweiligen Austausch oder den jeweiligen Einbau mitzugeben. Die einzelnen Forderungen zum Mindestumfang der Informationen wird im Folgenden wiedergegeben.

7.9.1 Mit dem Produkt gelieferte Zubehörteile

Wenn zum unterstützten Produkt Zubehörteile, Verbrauchsmaterialien oder Ersatzteile gehören, fordert die Norm, dass die Nutzungsinformation die dazu relevanten Informationen enthält.

Die Norm verlangt, dass folgende Informationen für Zubehörteile in die Nutzungsinformation zu integrieren sind:

- Benennung des Zubehörteils und/oder der Teilenummer
- Illustrationen, die es der Zielgruppe ermöglichen, das Zubehörteil zu identifizieren und zu bestellen
  Hierzu sind bei der Papierdokumentation Zeichnungen mit einer Igelung in oder entgegen dem Uhrzeigersinn sinnvoll. In elektronischen Nutzungsinformationen können die Zubehörteile über Pop-ups gekennzeichnet oder gegebenenfalls durch Anklicken direkt in einen Warenkorb gelegt werden.
- Beschreibung der Funktion des Zubehörteils
- Beschreibung der sicheren und effizienten Installation des Zubehörteils. Gegebenenfalls Tests zur sicheren Funktion

7.9.2 Verbrauchsmaterialien

Die Norm verlangt, dass Nutzungsinformationen Hinweise zu folgenden Verbrauchsmaterialien des unterstützten Produkts enthalten:

- Informationen zur empfohlenen Menge, z. B. bezogen auf die Betriebsstunden
- Bezugsquellen der Verbrauchsmaterialien mit genauer Produktbezeichnung oder sonstigen Identifikationsmerkmalen
- Illustrationen zur Position des Austauschs der Verbrauchsmaterialien (vorzugsweise eine Explosionszeichnung)
- Informationen zum sicheren und effizienten Austausch oder zur Nachfüllung der Verbrauchsmaterialien
  Hier sind, falls erforderlich, insbesondere die Hinweise aus den Sicherheitsdatenblättern (z. B. zur persönlichen Schutzausrüstung) mit zu integrieren.
- Informationen zur rechtskonformen Entsorgung der Materialien
  Diese geht in dem meisten Fällen ebenfalls aus den Sicherheitsdatenblättern hervor. In dem Fall sollte auf das Sicherheitsdatenblatt verwiesen werden, da sich die Entsorgungsrichtlinien eines Verbrauchsmaterials im Produktlebenszyklus ändern können.
- Informationen zur Haltbarkeit des Verbrauchsmaterials

7.9.3 Ersatzteile

Verfügt ein Produkt über austauschbare Teile, ist mindestens eine Ersatzteilliste mitzuliefern.

Aus dieser Ersatzteilliste sollten alle relevanten Bestellinformationen hervorgehen.

7.10 Während des Lebenszyklus des unterstützten Produkts erforderliche Nutzungsinformationen

7.10.1 Allgemeines

Wenn für eine Lebensphase eines Produkts aus technischen oder juristischen Gründen qualifiziertes Personal notwendig ist, fordert die Norm, diese Anforderung in der Nutzungsinformation deutlich zu machen. Für diese Tätigkeiten sind klare Angaben zu Qualifikationen und Kompetenzen zu machen.

Die kann beispielsweise durch eine „Wer-macht-was-Matrix" übersichtlich dargestellt werden.

Tabelle 6: Beispiel für eine Wer-macht-was-Matrix

Tätigkeiten/Lebenszyklus	**Personengruppen**			
	Transporteur[1]	Monteur[2]	Bediener[2]	Wartungs-monteur[2]
Transportieren	X			
Be- und Entladen	X			
Aufstellen		X		
Anschließen		X		
Inbetriebnahme		X	X	
Betrieb			X	
Außerbetriebnahme			X	
Abbauen		X		
Störungsbeseitigung			X[3]	X
Reparieren			X[3]	X
Warten			X[3]	X
Instandhalten			X[3]	X
Inspektion			X[3]	X
Demontage		X		
Entsorgung	X	X	X	X

[1] Qualifiziertes Fachunternehmen

[2] Geschultes Personal

[3] Sicherheitsunkritische Tätigkeiten (siehe Risikobeurteilung des Herstellers)

Voraussetzung für eine solche Matrix ist eine fundierte Zielgruppenanalyse (siehe KAPITEL 5.2.3 und KAPITEL 6.2.2). Weitere Informationen zur Zielgruppenanalyse finden sich in ISO/IEC 26514.

7.10.2 Erneutes Verpacken des unterstützten Produkts

Falls ein Produkt, z. B. zum Weiterversand oder zur Einlagerung, erneut verpackt werden muss, müssen zur Erfüllung der Norm aus der Nutzungsinformation die besonderen Vorkehrungen hervorgehen, die bei erneutem Verpacken getroffen werden müssen.

7.10.3 Transport und Lagerung des unterstützten Produkts

Wenn aus der Risikobeurteilung hervorgeht, dass Informationen zur Sicherheit von Personen während des Transports oder der Lagerung notwendig sind, so sind diese gemäß der Norm in die Nutzungsinformation zu integrieren.

7.10.4 Installation des unterstützten Produkts

Für Produkte, die nicht verwendungsfertig sind und zur Verwendung ausgepackt, installiert oder endmontiert werden müssen, ist es laut Norm erforderlich, dass die Nutzungsinformationen folgende Informationen enthalten:

Tabelle 7: Informationen zur Installation

Information	**Ort der Information** (nicht normativ)
Was zu tun ist, wenn das Produkt oder die Verpackung beschädigt ist	Außen an der Verpackung und ggf. in der Nutzungsinformation zum Gebrauch
Hinweise, wie das Produkt ausgepackt und wie die Verpackung entsorgt wird	Außen an der Verpackung
Was zu tun ist, wenn die Verpackung unabsichtlich vor Gebrauch geöffnet worden ist	Außen an der Verpackung
Hinweise zur Entfernung von Transport- und Verpackungssicherungen und Befestigungsklemmen	Außen an der Verpackung
Checkliste des Inhalts	In der Verpackung, ggf. in der Nutzungsinformation zum Gebrauch
Mindestplatzbedarf für Betrieb, Instandhaltung Reparatur	Außen an der Verpackung, ggf. in der Nutzungsinformation innerhalb der Verpackung
Anordnungsplan oder Layoutplan	In der Verpackung, ggf. in der Nutzungsinformation zum Gebrauch
Anordnungsplan oder Layoutplan	In der Verpackung, ggf. in der Nutzungsinformation zum Gebrauch
Bedingungen für Montage und Installation, einschließlich Befestigung (ggf. erdbebensicher), Selbstmontageprodukte (siehe KAPITEL 7.12)	In der Verpackung, ggf. in der Nutzungsinformation zum Gebrauch
Rechtliche Anforderungen, Vorgehensweisen und Vorkehrungen für die Anschlüsse an Energie- und Wasserversorgung, Kanalisation oder andere zusätzliche Versorgungseinrichtungen	In der Verpackung, ggf. in der Nutzungsinformation zum Gebrauch

Information	**Ort der Information** (nicht normativ)
Hinweise zur Überprüfung, ob das Produkt ordnungsgemäß installiert und zum sicheren Gebrauch bereit ist.	In einer Checkliste, ggf. in der Nutzungsinformation zum Gebrauch

Darüber hinaus fordert die Norm, dass die Nutzungsinformationen Auskunft darüber geben, wenn am Lieferort die Installation durch nicht geschulte Personen verboten ist. Die Norm spezifiziert außerdem die erforderlichen Fachkenntnisse.

7.10.5 Inbetriebnahme des unterstützten Produkts

Die Norm fordert, dass die Nutzungsinformationen die Informationen enthalten, die für die Inbetriebnahme erforderlich sind.

Für komplexere Maschinen und Anlagen bietet sich hierfür eine Checkliste an. Je nach Komplexität sollte diese Checkliste noch für unterschiedliche Lebensphasen untergliedert werden.

Beispiele:
- Erstmalige Inbetriebnahme
- Tägliche (Wieder-)Inbetriebnahme
- Inbetriebnahme nach Reinigung
- Inbetriebnahme nach Störung
- Inbetriebnahme nach längerer Außerbetriebnahme oder Wartung

7.10.6 Modifikation des unterstützten Produkts

Die Norm verlangt, dass Produkte, an denen keine Modifikationen zulässig sind, mit einem deutlichen Hinweis auf diese Einschränkung versehen sein sollen. Je nach Konsequenz der Modifikation bietet sich hier ein Warnhinweis an (siehe KAPITEL 7.11).

Für Produkte, an denen Modifikationen zulässig sind, sind diese Modifikationen so zu beschreiben und zu illustrieren, dass das Produkt nach der Modifikation weiterhin sicher und effizient betrieben werden kann. Hierbei kann auch auf eine externe Quelle verwiesen werden. Das ist vor allem bei umfangreichen Modifikationen oder Modifikationen, die nur selten vorkommen, sinnvoll.

7.10.7 Betrieb des unterstützten Produkts

7.10.7.1 Allgemeines

Ganz allgemein fordert die Norm, dass das Informationsprodukt Informationen zum Normalbetrieb, zu außergewöhnlichen Situationen und zu Notsituationen enthält.

7.10.7.2 Normalbetrieb

Für den Normalbetrieb konkretisiert die Norm die oben genannte Forderung. Folgende Inhalte sind für den Normalbetrieb notwendig:

- Illustrationen, die die wichtigsten Funktionen und Sicherheitsvorkehrungen verdeutlichen
  Das sind in erster Linie Schaltkästen, Bedienpanels, Not-Halt-Einrichtungen, feststehende und bewegliche Sicherheitseinrichtungen, Signaleinrichtungen etc.
- Informationen über die bestimmungsgemäße Verwendung (siehe KAPITEL 7.8.1)
- Informationen über Betriebsarten, z. B. Vor-Ort-Steuerung, Fernsteuerung, Handbetrieb, Automatikbetrieb und Einrichtbetrieb
  Hier ist festzulegen, welche Zielgruppe über die Berechtigung für welche Betriebsart verfügt (z. B. über Zugangsberechtigungen bzw. Schlüssel), welche Betriebsart Vorrang hat (z. B. Vor-Ort-Steuerung vor Fernsteuerung) und was bei einem Wechsel der Betriebsarten zu berücksichtigen ist.
- Informationen zu vorbereitenden Arbeitsabläufen und Prüfungen vor der Inbetriebnahme (siehe KAPITEL 7.10.5)
- Informationen zur Fehlerbehebung
  Dies dürfte in den meisten Fällen ein sehr zentraler Punkt sein, da die Zielgruppe die Hinweise zur Fehlerbehebung schnell (also möglichst intuitiv!) finden muss, um dann den sicheren Betrieb wiederherstellen zu können.
- Informationen zur rechtskonformen Entsorgung
  Hierbei ist nicht nur auf die Entsorgung des Produkts nach Ende des Produktlebenszyklus einzugehen, sondern gegebenenfalls auch auf Produkte, die durch das Produkt entstehen können (z. B. Metallspäne und gebrauchtes Kühlwasser bei einer Drehmaschine).
  Gegebenenfalls muss auf die Entsorgungsrichtlinien hingewiesen werden, wenn diese sich im Produktlebenszyklus ändern können.

Darüber hinaus müssen Informationen über Indikatoren für den Betriebszustand erläutert werden, wenn das Produkt solche Indikatoren hat. Anzeigen für den Betriebszustand können beispielsweise sein:

- Betriebszustand (z. B. Normalbetrieb, Außerbetrieb, Handbetrieb, Automatikbetrieb, Einrichtbetrieb, Vor-Ort-Steuerung, Fernsteuerung)
- Indikatoren für Störungen, Not-Halt oder Anfahrbetrieb (akustisch und/oder optisch)
- Hinweise auf einem Panel zum Verhalten (z. B. bei Ausfall des Steuerungssystems)

Hinweis:
Zu Software-Dokumentation für Nutzeranleitungssysteme siehe IEC 61506.

7.10.7.3 Außergewöhnliche Situationen und Notsituationen

Falls aus der Risikobeurteilung zum unterstützten Produkt hervorgeht, dass außergewöhnliche Situationen oder Notsituationen vorkommen können, so schreibt die Norm vor, dass (mindestens) folgende Informationen bereitgestellt werden müssen:

- Die Abfolge von Handlungen, die im Falle einer unerwarteten Unterbrechung der Stromversorgung, Kühlung, Steuerfunktionen und anderen Notsituationen vorgenommen werden müssen
- Störungsmeldung und -lokalisierung
- Neustart nach einem Eingriff (siehe auch KAPITEL 7.10.5)
- Die im Brandfall einzusetzende Art von Brandbekämpfungsgeräten
  In diesem Zusammenhang ist es zumindest bei größeren Systemen auch sinnvoll, die Fluchtwege und die Orte der Feuerlöscher schematisch darzustellen. Diese Informationen sollten nicht nur in die Nutzerinformation zum Gebrauch, sondern auch deutlich sichtbar am Produkt platziert werden.
- Vorhersehbare Emissionen, Lecks oder Abbau von Schadstoffen zusammen mit den dazugehörigen Warnungen zu den möglichen Gefährdungen und Vorkehrungen zur Vermeidung von Schäden
  Auch hierzu sollte unterstützend an der Anlage zumindest mit Piktogrammen informiert werden.
- Erste-Hilfe-Maßnahmen, die für vorhersehbare akute Erkrankungen empfohlen sind, die im Zusammenhang mit der Anwendung des unterstützten Produkts auftreten können, z. B. toxischer Schock, epileptischer Anfall oder Verbrennungen, und einen Hinweis darauf, eine anschließende professionelle medizinische Behandlung aufzusuchen

7.10.8 Fehleranzeigen und Signale von Warneinrichtungen des unterstützten Produkts

Hat ein Produkt Fehleranzeigen und Signale von Warneinrichtungen, ist es nach der Norm erforderlich, dass diese leicht verständlich erklärt werden und auf diese Erklärungen zugegriffen werden kann, auch wenn das Produkt nicht in Betrieb ist.

Hier bietet es sich an, in der Nähe der Warneinrichtungen Informationsblätter auszuhängen, die die Lichtsignale und/oder Warntöne erläutern. Diese Punkte sollten unbedingt mit in die regelmäßig stattfindende Sicherheitsunterweisung aufgenommen werden.

7.10.9 Bedeutung von Signalen

Die Norm fordert, dass über die Forderung aus KAPITEL 7.10.8 hinaus **alle** Signale, Blinkanzeigen, Farbänderungen oder akustischen Signale in der Nutzungsinformation verständlich zu erläutern sind.

Hinweis:
Beispiele von Signalzeichen stehen in IEC 60073, ISO 7731, ISO 11429, ISO 15006 und ISO/TR 16352.

7.10.10 Instandhaltung des unterstützten Produkts durch nicht geschulte Personen und Fachkräfte

7.10.10.1 Allgemeines

Im Sinne des zielgruppengerechten Schreibens (siehe KAPITEL 5.2.3 und KAPITEL 6.2.2) ist es laut Norm erforderlich, gerade für die Instandhaltung separate Informationen für Fachkräfte und nicht geschulte Personen zur Verfügung zu stellen.

7.10.10.2 Instandhaltung durch nicht geschulte Personen

Wenn die Instandhaltung des Produkts auch durch nicht geschulte Personen sicher und effizient durchgeführt werden kann, schreibt die Norm vor, dass die Nutzungsinformation diese Handlungen geeignet beschreiben und illustrieren muss. Hierfür bieten sich detaillierte und illustrierte Schritt-für-Schritt-Anleitungen mit zu erreichenden Zwischenresultaten und dem Endresultat an. So können die nicht geschulten Personen ihre Handlungen selbst überprüfen. Hier gilt insbesondere, dass auch alle Voraussetzungen, wie z. B. notwendige Werkzeuge, Materialien und der Zustand des Produkts (z. B. Gerät ausgeschaltet und gegen Wiedereinschalten gesichert) beschrieben werden müssen. Auf Risiken ist in geeigneter Form (z. B. durch Warnhinweise, siehe KAPITEL 7.11) hinzuweisen.

Instandhaltungsmaßnahmen, die nur durch geschulte Personen durchgeführt werden dürfen, sind besonders zu kennzeichnen. Es sind Hinweise zu geben, wie für die Tätigkeiten geschulte Personen kontaktiert werden können.

Solche Instandhaltungsmaßnahmen sollten nicht in der „normalen" Nutzungsinformation veröffentlicht, sondern separat beschrieben werden.

7.10.10.3 Instandhaltung durch Fachkräfte

Laut Norm ist es erforderlich, dass die Nutzungsinformation für Instandhaltung durch Fachkräfte (mindestens) folgende Informationen enthalten:

- Art und Häufigkeit der Inspektion
  Für die Häufigkeit der Inspektion bietet sich in der Regel eine chronologische Tabelle an, aus der hervorgeht, was täglich, wöchentlich, monatlich oder jährlich zu warten ist.
- Vorbeugende Sicherheitsvorkehrungen und Warnungen (siehe KAPITEL 7.11)
  Diese Vorkehrungen verlangt die Norm eigentlich nur für Arbeiten, die bei laufenden oder unter Spannung stehenden Produkten durchgeführt werden. Es wird jedoch dazu geraten, die Hinweise aus der Risikobeurteilung, die die Lebensphase Wartung betreffen, zusätzlich zurate zu ziehen. So kann es beispielsweise sein, dass das Produkt vor der Wartung abkühlen muss oder dass im Wartungsbereich befindliche Komponenten gesichert werden müssen.
- Überprüfung der Warn- und Sicherheitseinrichtungen
- Erforderliche Werkzeuge und Materialien sowie Voraussetzungen zum Betriebszustand
- Kontaktdaten des Inverkehrbringers oder anderer, von denen fachliche Hilfe in Anspruch genommen werden kann

Weitere Hinweise siehe Unterabschnitt 7.10.10.3 der Norm.

7.10.11 Instandhaltung komplexer Systeme

Die Norm fordert, dass die Instandhaltungsinformationen für komplexe Systeme, wie z. B. für eine Industrieanlage, folgende Angaben enthalten:

- Sicherheitsvorkehrungen zur Durchführung der Instandhaltungsmaßnahme (z. B. vollständige oder partielle Abschaltung)
- Verfahren für den Zugang zu Teilsystemen oder Komponenten zur Durchführung der Instandhaltungsmaßnahme, einschließlich Mittel für Not-Aus-Einrichtungen

In der Nutzungsinformation für komplexe Systeme sollten beispielsweise folgende Fragen beantwortet werden:

- Muss (z. B.) ein Anlagenteil vorher stillgelegt und ein anderer Verfahrensweg gewählt werden?
- Muss die Komponente (oder die vor- oder nachgeschaltete Komponente) vorher abkühlen oder auslaufen?
- Muss ein Gerüst aufgebaut oder müssen Anlagenteile abgebaut werden?

Wenn diese Fragen geklärt sind, kann für die Tätigkeit auf die Dokumentation der Komponente verwiesen werden. Der Verweis sollte so konkret wie möglich sein (mindestens aber einen Verweis auf das Kapitel in der Nutzungsinformation des Zulieferers enthalten). Nach Abschluss der Tätigkeit ist zu beschreiben, wie die Komponente wieder in die Anlage eingebunden wird, z. B. Dichtheitsprüfung, Laufrichtungsprüfung und dann wieder Änderung des Verfahrensweges o. Ä.

Aus Sicht der Verfügbarkeit (Effizienz!) sollte ein übergeordneter Wartungsplan erstellt werden, der die Wartungszyklen aller Komponenten berücksichtigt.

Ebenso sollte eine übergeordnete Zusammenfassung zur Störungsbehebung erstellt werden, die auch Informationen zu den Schnittstellen enthält. Darüber hinaus ist es sinnvoll, eine übergeordnete Ersatzteil- und Betriebsmitteltabelle mit Verfügbarkeitsinformationen zu erstellen.

Bei vielen kommerziellen Anlagen sind die Informationen zu Wartung, Störungsbehebung sowie Ersatz- und Betriebsmitteln Bestandteil des Betriebsführungssystems.

7.10.12 Fehlerbehebung und Reparatur des unterstützten Produkts durch nicht geschulte Personen und Fachkräfte

7.10.12.1 Allgemeines

Genau wie in KAPITEL 7.10.10 ist es bei der Beschreibung der Fehlerbehebung und Reparatur im Sinne des zielgruppengerechten Schreibens (siehe KAPITEL 5.2.3 und KAPITEL 6.2.2) laut Norm erforderlich, separate Informationen für Fachkräfte und nicht geschulte Personen zur Verfügung zu stellen.

7.10.12.2 Informationen für nicht geschulte Personen

Für nicht geschulte Personen müssen nach der Norm folgende Informationen bereitgestellt werden:
- Vorgehensweise bei der Reparatur
- Vorgehensweise der Prüfung nach der Reparatur

Die Norm schlägt weiterhin vor, eine Anleitung zur Fehlerbehebung oder eine Liste mit häufig gestellten Fragen (FAQs) mit geeigneten Illustrationen zur Verfügung zu stellen.

In diesem Zusammenhang sind insbesondere alle Informationen zur Verfügung zu stellen, die nach der Reparatur einen sicheren Gebrauch des Produkts gewährleisten.

7.10.12.3 Informationen für Fachkräfte

Informationen, die für Fachkräfte zur Verfügung gestellt werden müssen, sind laut Norm:
- Vorgehensweise bei der Reparatur
- Vorgehensweise der Prüfung nach der Reparatur

Darüber hinaus müssen (falls anwendbar) folgende Informationen zur Verfügung gestellt werden:
- Eine Liste der Anzeigen zur Fehleridentifizierung und -lokalisierung und zum Normalbetrieb wird von der Norm gefordert. Darüber hinaus ist es sinnvoll, auch alle anderen Betriebsarten (Einrichtbetrieb, Wartung, Störung etc.) in einer Liste in der Nutzungsinformation aufzuführen
- Beschreibungen von Diagnosesystemen als Hilfe zur Fehlererkennung, damit die Zielgruppe möglichst schnell die Quelle des Fehlers ermitteln kann
- Hinweise zum Protokollieren von Alarm- und Auslösungszuständen, z.B. in Form einer „Alarm- und Trip-Liste“, aus der die Normal- und Grenzwerte hervorgehen
- Hinweise zum Ausschalten und Isolieren von Einheiten mit Fehlfunktionen und gegebenenfalls zum Starten von Ersatzeinheiten
- Anleitungen für die Fehlerbehebung und für Reparaturen
- Kontaktdaten des Inverkehrbringers oder anderer, von denen fachliche Hilfe in Anspruch genommen werden kann

Weitere Hinweise siehe Unterabschnitt 7.10.12.3 der Norm.

7.10.13 Austausch von Teilen durch nicht geschulte Personen und Fachkräfte

Auch Informationen zum Austausch von Teilen durch Fachkräfte und nicht geschulte Personen sind im Sinne des zielgruppengerechten Schreibens (siehe KAPITEL 5.2.3 und KAPITEL 6.2.2) gemäß der Norm getrennt zur Verfügung zu stellen.

Allgemein sind (jedoch zielgruppenspezifisch) folgende Informationen zur Verfügung zu stellen:

- Vorgehensweise beim Austausch
- Prüfverfahren nach dem Austausch (falls erforderlich)
- Ersatzteilversorgung

Wenn während der voraussichtlichen Lebensdauer des Produkts eine Erneuerung von Etiketten und/oder Labels erforderlich ist, müssen nach der Norm Informationen über deren Position bereitgestellt werden.

7.10.14 Demontage, Recycling und Entsorgung des unterstützten Produkts

7.10.14.1 Allgemeines

Die Norm setzt voraus, dass die Nutzungsinformationen Informationen zu Demontage, Recycling oder Entsorgung des Produkts enthalten.

7.10.14.2 Demontage

Demontagearbeiten, die die Zielgruppe gefahrlos und unter Berücksichtigung des Umweltschutzes durchführen kann, sind zu beschreiben.

7.10.14.3 Recycling

Falls für das Produkt oder seine Komponenten bestimmte Verfahren für das Recycling erforderlich sind, fordert die Norm, dass in den Nutzungsinformationen die Informationen im Einklang mit den einschlägigen rechtlichen Anforderungen und Normen bereitgestellt werden.

7.10.14.4 Entsorgung

Normativ ist es erforderlich, dass Informationen zur Entsorgung unter gebührender Berücksichtigung der Sicherheit und des Umweltschutzes bereitgestellt werden.

Bei Produkten, die Daten oder geistiges Eigentum enthalten, wie z. B. Software, fordert die Norm, dass der Inverkehrbringer Folgendes in den Nutzungsinformationen angibt:

- Verantwortlichkeiten in Bezug auf die Löschung/Entsorgung
  Hierbei ist zu berücksichtigen, dass sich Entsorgungsrichtlinien auch für Daten während des Produktlebenszyklus ändern können.
- Eigentumsbestimmung zu den gespeicherten Daten, aber auch zu Hard- und Software-Assets
- Verfahren zur Aufbewahrung oder Zerstörung der Daten sowie Bestätigungen hierfür

7.11 Sicherheitsbezogene Informationen

7.11.1 Arten von sicherheitsbezogenen Informationen

Die Norm unterscheidet zwischen drei Arten von sicherheitsbezogenen Informationen:

- Sicherheitszeichen und Produktsicherheitslabel (siehe normativ referenzierte Normen ISO 7010:2011 und ISO 3864, insbesondere Teil 2)
- Sicherheitshinweise (siehe KAPITEL 7.11.4)
- Warnhinweise (siehe KAPITEL 7.11.5)

Die Norm fordert, dass sicherheitsbezogene Informationen in die bestimmungsgemäße Verwendung (siehe KAPITEL 7.11, insbesondere KAPITEL 7.11.4) aufzunehmen sind. Die inhaltlichen Anforderungen hierfür sind Informationen über:

- die vorgesehene Umgebung (z. B. im Freien, in der Halle, in einer explosionsgefährdeten Zone, unter heißen/kalten Bedingungen)
- die benötigten Werkzeuge; darüber hinaus sollten Informationen über Materialien und Voraussetzungen zum Betriebszustand gegeben werden
- die Sicherstellung, dass die Sicherheitseinrichtungen des zu installierenden Produkts angebracht sind und funktionieren
- die bestimmungsgemäße Verwendung
- die Hinweise auf zulässige und unzulässige Änderungen des Produkts

Weitere Hinweise siehe Unterabschnitt 7.11.1 der Norm.

7.11.2 Platzieren von sicherheitsbezogenen Informationen

Nach der Norm ist es notwendig, die Sicherheitshinweise am Anfang der Nutzungsinformation in einem gesonderten Abschnitt oder Teil zu platzieren. Der Abschnitt muss klar identifizierbar sein und eine Überschrift haben, die die Bedeutung der Inhalte herausstellt. Sinnvollerweise werden die Sicherheitshinweise nach dem Inhaltsverzeichnis platziert.

Warnhinweise in Schritt-für-Schritt-Anleitungen müssen in dem Zusammenhang genannt werden, in dem eine Gefahr wahrscheinlich auftritt. Hierbei ist insbesondere darauf zu achten, dass die Warnhinweise **vor** der Tätigkeit platziert werden. Zur Gestaltung von Warnhinweisen siehe KAPITEL 7.11.5.

Ist für eine Tätigkeit eine persönliche Schutzausrüstung (PSA) erforderlich, ist laut Norm die Information zu Beginn der Aufgabe zu beschreiben und gegebenenfalls sowohl auf der Verpackung als auch auf dem Produkt zu platzieren. Der Hinweis auf persönliche Schutzausrüstung sollte mit Piktogrammen (siehe ANSI Z535.4 und ISO 7010) unterstützt werden.

7.11.3 Vorkehrungen für bestimmte Zielgruppen

Im Sinne des zielgruppengerechten Schreibens (siehe KAPITEL 5.2.3 und KAPITEL 6.2.2) ist es insbesondere für sicherheitsbezogene Informationen wichtig, zielgruppengerecht zu informieren. Daher verlangt die Norm, solche Informationen zu Beginn zu platzieren und zur Betonung hervorzuheben.

Als Beispiel für besonders gefährdete Zielgruppen ist Folgendes in der Norm genannt:

- Kinder
- Ältere Personen
- Personen mit Behinderungen
- Personen mit elektro-medizinische Geräten, wie z. B. Herzschrittmachern
- Personen, die unter allergischen Reaktionen auf bestimmte Chemikalien leiden
- Personen, die empfindlich gegen Lichteffekte (z. B. Stroboskoplicht-Effekte) sind

Die Liste der oben genannten besonders gefährdete Zielgruppen aus der Norm ist nicht abschließend. Die Betrachtung der Zielgruppen und die Entscheidung, ob diese unter Umständen besonders gefährdet sind, ist Aufgabe der Risikobeurteilung und muss in der Nutzungsinformation entsprechend berücksichtigt werden.

Es sind geeignete Warnhinweise vorzusehen, wenn das Produkt das Potenzial hat, elektrisch gesteuerte medizinische Geräte, wie beispielsweise Herzschrittmacher, zu beeinträchtigen.

Zur Unterstützung dieser Hinweise bietet sich das entsprechende Piktogramm an:

Abbildung 7: Piktogramm „Keine Personen mit Herzschrittmacher", ISO 7010 P007

7.11.4 Sicherheitshinweise

Nach der Norm ist es erforderlich, dass Sicherheitshinweise in Nutzungsinformationen mindestens die möglichen Gefährdungen nennen. Falls möglich sollen auch die Ursachen der Gefährdung, Verhalten zur Gefährdungsvermeidung sowie mögliche Konsequenzen bei Nichtbeachtung beschrieben werden.

Zu Beginn der Sicherheitshinweise muss eine allgemeine Aussage betonen, wie wichtig es ist, diese zu lesen.

Beispiel:

Um mögliche Schäden zu vermeiden, lesen und befolgen Sie folgende Hinweise:

Die darauffolgenden Sicherheitshinweise müssen Informationen enthalten, die Folgendes umfassen:

- Identifizierung von Gefahren mit geeigneten Illustrationen, einschließlich:
  - ▹ vernünftigerweise vorhersehbarer Fehlgebrauch (siehe KAPITEL 7.1), einschließlich der Folgen; so kann z. B. die Nutzung einer Drehmaschine für ein nicht geeignetes (sprödes) Material absplitternde Kleinstteile verursachen

  - ▷ unzulässige oder nicht empfehlenswerte Änderungen des Produkts (siehe KAPITEL 7.11.1)
    Bei der Beschreibung nicht empfehlenswerter Änderungen am Produkt muss allerdings in der Risikobeurteilung geprüft werden, ob der Zielgruppe durch die Beschreibung nicht erst die Idee zur Manipulation gegeben wird.
  - ▷ Emissionen des Produkts, z. B. Strahlen, gesundheitsgefährdende Stoffe, Lärm
- Sicherheitsvorkehrungen, wie z. B. Tragen der persönlichen Schutzausrüstung, Beachtung von Sicherheitszeichen etc.
- Hinweise zur Wiederherstellung eines sicheren Betriebs nach Eintritt einer Störung oder eines Notfalls

Weitere Hinweise siehe Unterabschnitt 7.11.4 der Norm.

Diese Forderungen sind in der Norm teilweise redundant. Der Ersteller der Nutzungsinformation sollte sich bei der Konzeptionierung seines Informationsprodukts (siehe KAPITEL 6) überlegen, wo er diese Information sinnvollerweise positioniert.

7.11.5 Warnhinweise

7.11.5.1 Allgemeines

Die Norm fordert, dass Warnhinweise in Nutzungsinformationen die Gefährdungen prägnant benennen. Falls möglich sollen, wie bei den Sicherheitshinweisen (siehe KAPITEL 7.11.4), auch die Ursachen oder Quellen der Gefahr, das Verhalten zur Gefährdungsvermeidung sowie mögliche Konsequenzen bei Nichtbeachtung beschrieben werden.

Nach der Norm ist es notwendig, jeden Warnhinweis entweder vor dem ersten Schritt einer Schritt-für-Schritt-Anleitung oder direkt vor dem relevanten Schritt einzubinden.

Erfordert die Vermeidung einer Gefährdung ein detailliertes Sicherheitsverfahren, so sollte das nicht im Warnhinweis selbst, sondern an anderer Stelle der Nutzungsinformation dargestellt werden.

7.11.5.2 Gestaltung

Zur Erfüllung der Norm ist es notwendig, dass die Warnhinweise einheitlich gestaltet sind und auffällig hervorgehoben werden. Hierbei ist Folgendes zu berücksichtigen:

- Warnhinweise beginnen mit Signalwörtern (siehe KAPITEL 7.11.5.3 und KAPITEL 7.11.5.4)
- Beschränkung der Texte und/oder Illustrationen auf das Wesentliche
  Der Inhalt sollte enthalten:
  - ▷ Art und Quelle der Gefahr (z. B. heißes Waffeleisen)
  - ▷ Folgen, die eine Nichtbeachtung der nachfolgenden Hinweise nach sich ziehen können (z. B. Verbrennungen)
  - ▷ Hinweise zum Entkommen aus der Gefahr (z. B. Speise mit einer Gabel aus dem Waffeleisen entnehmen, Waffeleisen vor Reinigung abkühlen lassen)
- Auffallende Gestaltung
  z. B. in Anlehnung an die ANSI Z535.6. Hierbei sind die Warnhinweise so zu gestalten, dass sie auf der einen Seite aufmerksamkeitssteuernd wirken und

auf der anderen Seite den Lesefluss nicht unterbrechen. Die Wirksamkeit von Warnhinweisen sollte in Usability-Tests (Anhang A der Norm) geprüft werden (siehe KAPITEL 9.15).

- Sichtbarmachung der Warnhinweise für alle gefährdeten Personen
  Gegebenenfalls müssen hierzu die Warnhinweise – oder zumindest aufmerksamkeitssteuernde Piktogramme – nicht nur in der Nutzungsinformation, sondern auch am Produkt selbst platziert werden.
- Platzierung der Warnhinweise so, wie es in der Risikobeurteilung festgelegt wurde
  Dafür ist es erforderlich, dass aus der Risikobeurteilung die Lebensphase und die Gefahrenstelle hervorgehen.

Eine Methode, Warnhinweise zu gestalten, ist die sogenannte SAFE-Methode:

Signalwort
Art und Quelle der Gefahr
Folgen bei Nichtbeachtung
Entkommen aus der Gefahr (Maßnahmen zur Gefahrenabwehr/-vermeidung)

7.11.5.3 Signalwörter für Personenschäden

Die Norm rät dazu, die Signalwörter aus der ISO 3864-2 zu verwenden. Diese sind dort wie folgt festgelegt und haben einen sehr engen Bezug zur ANSI Z535.6:

Tabelle 8: Signalwörter für Personenschäden

GEFAHR	Signalwort zur Kennzeichnung einer unmittelbar bevorstehenden Gefährdungssituation, die, wenn sie nicht vermieden wird, den **Tod** oder eine **schwere Verletzung zur Folge hat**
WARNUNG	Signalwort zur Kennzeichnung einer möglichen Gefährdungssituation, die, wenn sie nicht vermieden wird, den **Tod** oder eine **schwere Verletzung zur Folge haben könnte**
VORSICHT	Signalwort zur Kennzeichnung einer möglichen Gefährdungssituation, die, wenn sie nicht vermieden wird, eine **geringfügige oder mäßige Verletzung zur Folge haben könnte**

Weitere Informationen siehe KAPITEL 12.5.

Die Norm räumt allerdings auch ein, dass unter bestimmten Umständen Signalausdrücke wie „LEBENSGEFAHR", „ERBLINDUNGSGEFAHR" oder „ACHTUNG – GIFTIGE DÄMPFE" effektiver sein können.

Die Wahl des geeigneten Signalworts sollte aus der Risikobeurteilung begründet hervorgehen.

7.11.5.4 Signalwörter für Sachschäden

Für mögliche Schäden am Produkt sind bisher in der ISO keine Signalwörter festgelegt. In der ANSI Z535.6 wird „NOTICE" vorgeschlagen. Der Schutz vor Personenschäden hat immer allerhöchste Priorität. Allerdings können Schäden am Produkt zum einen erhebliche finanzielle Auswirkungen haben und zum anderen kann nicht ausgeschlossen werden, dass ein beschädigtes Produkt sich letztendlich auch auf Personen auswirken kann. Daher schlägt die IEC/IEEE 82079-1 vor, für solche Schäden Signalwörter wie „NOTICE", „ATTENTION" oder „TAKE CARE" zu verwenden.

In der Praxis hat sich hierfür im Deutschen bei vielen Anleitungen das Signalwort „ACHTUNG" durchgesetzt.

7.11.6 Sicherheitsbezogene Informationen in Kurzanleitungen

Die Norm fordert, dass auch Kurzanleitungen alle entscheidenden sicherheitsbezogenen Informationen enthalten, die für die dort beschriebenen Aufgaben erforderlich sind. Darüber hinaus gelten hierfür ähnliche Anforderungen wie für alle anderen Nutzungsinformationen. Zusätzlich gilt:

- Der Zielgruppe wird deutlich gemacht, warum und wann die zusätzlichen sicherheitsbezogenen Informationen in der Nutzungsinformation gelesen werden müssen.
- Die Kurzanleitung enthält zu Beginn einen Verweis auf die sicherheitsbezogenen Informationen in der Nutzungsinformation und ist eindeutig und in Verbindung mit dem allgemeinen Warnzeichen und/oder einem Signalwort auffällig dargestellt. Die Norm verweist auf die ISO 7010-W001:2011-05 „Grafische Symbole – Sicherheitsfarben und Sicherheitszeichen – Registrierte Sicherheitszeichen". Das Zeichen W001 der ISO 7010 ist das bekannte allgemeine Warnzeichen:

Abbildung 8: Allgemeines Warnzeichen W001 nach ISO 7010

- Der Text des Verweises beschreibt die möglichen Konsequenzen einer Nichteinhaltung der allgemeinen Sicherheitshinweise.

7.12 Anleitungen zur Montage von Produkten zur Selbstmontage

Für die Montageanleitung eines Produkts zur Selbstmontage schreibt die Norm vor, dass die Montagehandlungen in Form einer Schritt-für-Schritt-Abfolge an Illustrationen dargestellt werden müssen, die jeweils von einem Text ergänzt werden.

Falls erforderlich sind erläuternde Informationen und Warnhinweise (siehe Kapitel 7.11.5) bereitzustellen.

Laut Norm ist es erforderlich, dass die Nutzungsinformation für jeden Montageschritt Folgendes enthält:

- Die zu montierenden Komponenten und sonstige Objekte, die benötigt werden, z. B. Werkzeuge und Verbrauchsstoffe
- Ausrichtung und Positionierung der zu montierenden Komponenten. Hierbei sollten die in der Nutzungsinformation enthaltenen Hinweise mit Orientierungspunkten auf den Komponenten korrespondieren

- Handlungsanweisungen zur Montage. Am besten als Schritt-für-Schritt-Anleitung, siehe Unterabschnitt 8.3.4.1 der Norm
- Sicherheitsvorkehrungen für die Handlungen, gegebenenfalls Warnhinweise (siehe KAPITEL 7.11.5)
- Die Beschreibung vermeidbarer vorhersehbarer Fehler
- Verifizierung der korrekten Passung der Komponenten und ihre Anbringung in der erforderlichen Festigkeit (Drehmoment)

Bei Produkten, deren Montage besondere Fähigkeiten voraussetzen, verlangt die Norm, dass eine Warnung wie „zur Montage durch einen qualifizierten Elektriker" oder „Montage durch Erwachsene erforderlich" deutlich in der Nutzungsinformation angezeigt wird.

Ergibt die Risikobeurteilung, dass durch vorhersehbare Fehler bei der Montage die Sicherheit des fertigen Produkts oder die Sicherheit einer Person bei der Montage gefährdet werden kann, ist dieses nach der Norm im Risikomanagement (siehe KAPITEL 6.2.7) zu behandeln.

Die Norm schlägt einen Usability-Test (siehe KAPITEL 6.3.3) vor, um zu bewerten, ob die gegebenen Hinweise ausreichend sind.

7.13 Nutzungsinformationen für komplexe Systeme (Anlagendokumentation)

Für komplexe Systeme, z. B. für verfahrenstechnische Anlagen, schreibt die Norm vor, dass in den Nutzungsinformationen hierzu die Nutzungsbeschränkungen und Sicherheitshinweise des Gesamtsystems enthalten sein müssen. Für Betriebsaufgaben (z. B. Inbetriebnahme, Außerbetriebnahme, weitere Informationen siehe KAPITEL 7.10.5 und KAPITEL 7.10.11) sind Schritt-für-Schritt-Anleitungen für das System so zu gestalten, dass die Aufgaben des Nutzers vorgegeben sind. Die Norm macht deutlich, dass es nicht ausreicht, wenn nur die Beziehung zwischen den Systemkomponenten beschrieben wird.

IEC 81346-1 (Nachfolgenorm der IEC 61346-1) stellt eine Möglichkeit der Strukturierung von Anlagenbeschreibungen nach Beschreibungen der Teilsysteme und Komponenten dar. Die Norm IEC 61346-1 war Grundlage für Kennzeichnungssysteme im Kraftwerksbereich (z. B. KKS bzw. RDS-PP).

7.14 Informationssicherheit und Datenschutz

7.14.1 Allgemeines

Die heutige Technik macht es relativ leicht möglich, Nutzungsinformationen zu erstellen und zur Verfügung zu stellen, die möglichst genau auf eine Zielgruppe ausgerichtet sind (siehe KAPITEL 5.2.3 und KAPITEL 6.2.2). Gerade im Bereich der elektronisch zur Verfügung gestellten Nutzungsinformationen kann dies durch Eingabe persönlicher Daten sehr effektiv gesteuert werden.

Aus Datenschutzgründen ist es nach der Norm notwendig, dass solche Daten vor Missbrauch geschützt werden. Es ist daher zu beschreiben, wie sich der Nutzer zu verhalten hat, um die Vertraulichkeit, die Integrität und die Verfügbarkeit dieser Daten zu gewährleisten.

Bei ferngesteuerten oder netzverbundenen Produkten müssen die Nutzungsinformationen Funktionen enthalten, die Missbrauch oder unbefugten Zugriff (Hacking), z. B. die Änderung von Standardpasswörtern, verhindern.

7.14.2 Funktionen für die Zugriffskontrolle und den Schutz vertraulicher Daten

Nach der Norm ist es notwendig, bei der Erstellung, dem Austausch, der Bereitstellung oder der Speicherung von Informationen die gängigsten Methoden zur Bereitstellung von Informationsschutz oder -sicherheit (Verschlüsselung, Datensicherung, Datenmaskierung und Datenvernichtung) zu berücksichtigen. Die Entwicklung in diesem Bereich ist sehr rasant, sodass sich die Verantwortlichen jeweils an dem neuesten Stand der Technik oder, besser gesagt, an dem Stand der Wissenschaft und Technik orientieren sollten.

Richtlinien zur Cybersicherheit sind kostenlos beim Bundesamt für Sicherheit in der Informationstechnik erhältlich.

Darüber hinaus gibt es die Normenreihe ISO/IEC 27000 zur Informationssicherheit. Die Norm ISO/IEC 27002 Information technology – Security techniques – Code of practice for information security controls gibt beispielsweise Empfehlungen für diverse Kontrollmechanismen für die Informationssicherheit, insbesondere für Maßnahmen gegen Angriffe.

Dieses Thema sollte bereits frühzeitig im Entwicklungsprozess angesprochen werden und erforderlichenfalls die IT-Sicherheit oder eine entsprechende Beratung hinzugezogen werden.

7.15 Schulung

Wenn für ein Produkt die Schulung der Zielgruppe notwendig ist, fordert die Norm, dass darauf in der Nutzungsinformation hingewiesen wird.

8 Struktur der Nutzungsinformation

Liste der Anforderungen der Norm an die Struktur der Nutzungsinformationen

Unterabschnitt	Zu prüfende Anforderung	Notizen
Allgemeine Anforderungen an die Struktur		
8.1 Allgemeines	– Die Struktur der Nutzungsinformationen fördert die Benutzerfreundlichkeit und Verständlichkeit – Komplexe Nutzungsinformationen sind klar in dem Anwendungszweck entsprechende Teile unterteilt und werden in einem einheitlichen Format präsentiert – Bei gedruckten Nutzungsinformationen mit mehreren Dokumenten (siehe KAPITEL 11.2.1) ermöglichen die Informationen auf den Deckblättern oder Buch-/Ordnerrücken eine einfache Unterscheidung zwischen den Dokumenten – Bei Nutzungsinformationen, die aus verschiedenen Quellen integriert werden, ist Folgendes zu beachten: ▹ Dokumente sind konsistent nummeriert ▹ Verfahren zur Integration von Nutzungsinformationen, wie z. B. Integration einer Kopie, Adaptierung des Inhalts, Querverweis zum Quelldokument oder separaten Kapiteln daraus, sind implementiert ▹ Verwendung einer konsistenten Terminologie und Querverweisstrategie	
8.2 Informationstypen	Abschnitt enthält keine Anforderungen, nur Empfehlungen	
Strukturierung von Schritt-für-Schritt-Anleitungen		
8.3.4.1	– Eine Schritt-für-Schritt-Anleitung enthält Vorabinformationen, Anleitungen und Anweisungen sowie Informationen zum Abschluss	
8.3.4.2	Die Vorabinformationen umfassen: – einen kurzen Überblick über den Zweck des Verfahrens oder der auszuführenden Handlungen und Definitionen, oder Erläuterungen, die an anderer Stelle nicht enthalten sind – Ermittlung der technischen oder administrativen Tätigkeiten, die vor Beginn der Aufgabe erforderlich sind – eine Liste der Ressourcen, die die Zielgruppe zur Bewältigung der Aufgaben benötigt. Dies können unter anderem sein: Werkzeuge, weitere Personen (Helfer), relevante Daten, Dokumente, Passwörter (siehe KAPITEL 11.2.3), erforderliche oder ergänzende Software oder Equipment – Signalwörter (Gefahr, Warnung, Vorsicht, Hinweis), soweit sie für das gesamte Verfahren erforderlich sind	

Unterabschnitt	Zu prüfende Anforderung	Notizen
8.3.4.3	– Die Anleitungen und Anweisungen (Anleitungsschritte) sind mit arabischen Ziffern nummeriert und in der Reihenfolge der tatsächlichen Ausführung dargestellt – Warnhinweise und Sicherheitsinformationen sind vor den jeweiligen Anleitungsschritten angegeben – Jeder Schritt enthält eine einzelne Handlung: ▹ Das erwartete Ziel oder die erwartete Reaktion sind angegeben ▹ Fehlermeldungen, die auftreten können, und die Wiederherstellungsverfahren sind angegeben	
8.3.4.4	– Das Ende einer Schritt-für-Schritt-Anleitung kann erkannt werden und ermöglicht, dass die Zielgruppe feststellen kann, dass das Verfahren abgeschlossen wurde	
Navigation und Informationsbereitstellung		
8.4.1	– Die Nutzungsinformationen enthalten Elemente, die eine einfache Navigation durch die Inhalte ermöglichen	
8.4.2.1	– Bei mehr als zwei (gedruckten) Seiten sind die Seiten nummeriert	
8.4.2.2	– Bei einem Umfang von mehr als zwölf Seiten ist ein Inhaltsverzeichnis enthalten, das konsistent zu den Inhalten ist	
8.4.3.3	– In elektronisch/digital zur Verfügung gestellten Informationen ist eine Suchfunktion vorgesehen, die mindestens Textzeichenfolgen enthält	

8.1 Allgemeines

Die Norm schreibt vor, dass die Struktur der Nutzungsinformationen ihre Benutzerfreundlichkeit und Verständlichkeit verbessern muss.

Eine der zentralen Forderungen der Norm ist eine effiziente Auffindbarkeit der Informationen im Nutzungskontext. Bei Stromausfall sollte z. B. über eine Notstromversorgung sichergestellt werden, dass Informationen auf dem Display zur weiteren Vorgehensweise weiter verfügbar sind. Ausgedruckte Anleitungen sind so aufzubewahren, dass sie schnell gefunden werden können – am besten direkt am Produkt. Hierfür ist eine durchdachte Strukturierung der Nutzungsinformation unerlässlich.

Um diese zu gewährleisten, werden in der Norm neben allgemeinen Anforderungen auch detaillierte Anforderungen an die äußere und an die innere Struktur gestellt.

Bei gedruckten Nutzungsinformationen, die aus mehreren Dokumenten bestehen, müssen die Dokumente durch Informationen auf den Titelseiten oder Buchrücken einfach zu unterscheiden sein. Dazu bietet es sich an, sie in praktische Teile passend zur Anwendung und/oder der Zielgruppe zu unterteilen.

Für Nutzungsinformationen komplexer Systeme (z. B. Gesamtdokumentation verfahrenstechnischer Anlagen) erlaubt die Norm, Nutzungsinformation der im System implementierten Elemente als Teil der Gesamtdokumentation zu verwenden (siehe auch KAPITEL 10.2.1).

Zur allgemeinen Strukturierung von Nutzungsinformationen im klassischen Sinne können unter anderem folgende Möglichkeiten verwendet werden:

- Inhaltsverzeichnis
  Die Struktur des Inhaltsverzeichnisses sollte sich für Produkte, die unter gesetzliche Regelungen fallen (z. B. EU-Richtlinien), an der dort vorgegebenen Struktur orientieren.
  Im Fall, dass das Produkt unter die Maschinenrichtlinie (2006/42/EG) fällt, siehe KAPITEL 12.4.
  Das Inhaltsverzeichnis sollte vier Ebenen nicht überschreiten (siehe Beispiel Abbildung 23 im Anhang).
- Marginalien
  Anmerkungen am Rand der Nutzungsinformation.
  Hier können z. B. Erläuterungen, Stichwörter oder Zusammenfassungen zum Abschnitt platziert werden.
  Marginalien können auch ins Inhaltsverzeichnis aufgenommen werden, um der Zielgruppe dort die Relevanz des Abschnitts zu verdeutlichen.

BHB Example

Kranmanipulation

Vor dem **Heben von Lasten** müssen die **Hebezeuge und Anschlagmittel** auf eventuelle Beschädigungen hin überprüft und ggf. ausgeschieden werden. Ist die **Ablegereife** von Hebezeugen und Anschlagmitteln erreicht, dürfen diese ebenfalls nicht mehr verwendet werden.

Ablegereife von Hebezeugen und Anschlagmitteln:

- Eine Ablegereife bei Rundschlingen ist erreicht bei Verformung, die durch Wärmefluss entsteht, wenn aggressive Stoffe auf die Polyester Rundschlingen eingewirkt haben oder wenn die Ummantelung Mängel aufweist. Eine Ablegereife bei Rundschlingen ist auch gegeben, wenn das Etikett nicht mehr vorhanden oder nicht lesbar ist.
- Hebebänder müssen abgelegt werden sobald die tragenden Nähte beschädigt sind, es zu einer Verformung durch Wärmefluss kommt, wenn die Bänder durch aggressive Stoffe beschädigt wurden, wenn Garnbrüche oder Einschnitte von über 10 % des Querschnittes vorliegen oder das Etikett fehlt bzw. nicht mehr lesbar ist.
- Eine Ablegereife bei Schäkel liegt vor, wenn die Funktion eingeschränkt, die Struktur deformiert oder die Oberfläche beschädigt ist.

Rundstahlketten

- Rundstahlketten müssen spätestens nach drei Jahren einer besonderen Prüfung von Anschlagmittel unterzogen werden. Dabei werden die Rundstahlketten auf Rissfreiheit geprüft.

Abbildung 9: Beispiel für Marginalien

- (Lebende) Kolumnentitel
  Anmerkungen in der Kopf- und/oder Fußzeile eines Dokuments.
  Sie können unter anderem Angaben über das aktuelle Kapitel, die vorliegende Revision und das Produkt, auf das sich die Nutzungsinformation bezieht, enthalten.

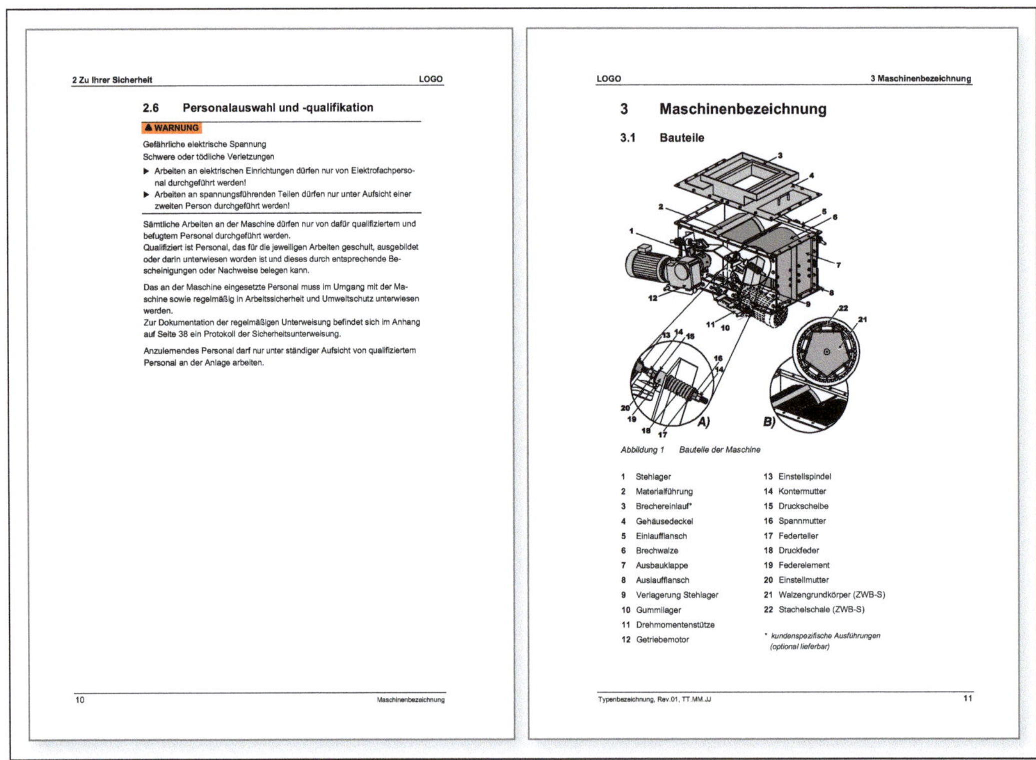

2 Zu Ihrer Sicherheit LOGO

2.6 Personalauswahl und -qualifikation

WARNUNG

Gefährliche elektrische Spannung

Schwere oder tödliche Verletzungen

- Arbeiten an elektrischen Einrichtungen dürfen nur von Elektrofachpersonal durchgeführt werden!
- Arbeiten an spannungsführenden Teilen dürfen nur unter Aufsicht einer zweiten Person durchgeführt werden!

Sämtliche Arbeiten an der Maschine dürfen nur von dafür qualifiziertem und befugtem Personal durchgeführt werden.
Qualifiziert ist Personal, das für die jeweiligen Arbeiten geschult, ausgebildet oder darin unterwiesen worden ist und dieses durch entsprechende Bescheinigungen oder Nachweise belegen kann.

Das an der Maschine eingesetzte Personal muss im Umgang mit der Maschine sowie regelmäßig in Arbeitssicherheit und Umweltschutz unterwiesen werden.
Zur Dokumentation der regelmäßigen Unterweisung befindet sich im Anhang auf Seite 38 ein Protokoll der Sicherheitsunterweisung.

Anzulernendes Personal darf nur unter ständiger Aufsicht von qualifiziertem Personal an der Anlage arbeiten.

10 Maschinenbezeichnung

LOGO 3 Maschinenbezeichnung

3 Maschinenbezeichnung

3.1 Bauteile

Abbildung 1 Bauteile der Maschine

1 Stehlager
2 Materialführung
3 Brechereinlauf*
4 Gehäusedeckel
5 Einlaufflansch
6 Brechwalze
7 Ausbauklappe
8 Auslaufflansch
9 Verlagerung Stehlager
10 Gummilager
11 Drehmomentenstütze
12 Getriebemotor
13 Einstellspindel
14 Kontermutter
15 Druckscheibe
16 Spannmutter
17 Federteller
18 Druckfeder
19 Federelement
20 Einstellmutter
21 Walzengrundkörper (ZWB-S)
22 Stachelschale (ZWB-S)

* *kundenspezifische Ausführungen (optional lieferbar)*

Typenbezeichnung, Rev.01, TT.MM.JJ 11

Abbildung 10: Beispiel für (lebende) Kolumnentitel [Quelle: Nutzungsinformation der EME GmbH, Erkelenz]

- Deckblätter und Ordnerrücken
  der Nutzungsinformationen sollen eine eindeutige Zuordnung zum beschriebenen Produkt ermöglichen. Bei der Beschreibung mehrerer Typen eines Produkts ist dieses ebenfalls entsprechend zu kennzeichnen. Zur Verdeutlichung und der Wiedererkennung des Produkts bietet sich eine Abbildung des beschriebenen Produkts an.
- Auszeichnungen
  helfen dabei, den Nutzungskontext besser zu verstehen (siehe Abbildung 11).

Die Handlungsanweisungen in dieser Betriebsanleitung sind folgendermaßen strukturiert:

➔ Zu Beginn der Anweisung werden Sie zu einer bestimmten Handlung aufgefordert.

1. Die zum Ausführen der Handlung notwendigen Handlungsschritte sind durchnummeriert.

☑ Dieses Zeichen zeigt die konkrete Auswirkung eines Handlungsschrittes – zur Kontrolle, ob der Schritt richtig ausgeführt worden ist.

Beispiel für eine Handlungsanweisung:

➔ Wechseln Sie die Druckfedern aus.

1. Die Maschine wie auf Seite 23 beschrieben außer Betrieb nehmen.
2. Die Kontermutter (14, Abbildung 3) und die Spannmutter (16) an der Einstellspindel lösen.

☑ Die Druckfeder ist spannungsfrei und entnehmbar

Abbildung 11: Beispiel für Auszeichnungen

Ob die Auszeichnungen am Anfang einer Nutzungsinformation erklärt werden sollen, ist umstritten. In der Regel weiß die Zielgruppe, was sie in der Anleitung erwartet, und auch im Sinne des Minimalismus (siehe KAPITEL 5.3.3) ist die Voranstellung nicht notwendig, da sich die Auszeichnung durch Verwendung im immer gleichen Nutzungskontext von selbst erklärt.

Die Aufnahme solcher Regeln in einen Redaktionsleitfaden ist jedoch sehr sinnvoll.

Bei „mobilen" Nutzungsinformationen bieten sich nutzungssensitive Strukturen an. Hier kann durch die Verwendung von Taxonomien die richtige Nutzungsinformation an der richtigen Stelle der richtigen Zielgruppe zur Verfügung gestellt werden.

Bei Nutzungsinformationen, die aus verschiedenen Quellen integriert werden, ist es laut Norm notwendig, dass Folgendes beachtet wird:

- konsistente Dokumentennummerierung
- konsistente Verfahren zur Integration von Nutzungsinformationen
- konsistente Terminologie oder Verwendung von Querverweisen

Eine konsistente Dokumentennummerierung kann beispielsweise in Anlehnung an DIN EN IEC 61355-1 durchgeführt werden. Das bietet sich vor allem bei komplexeren Dokumentationsstrukturen für größere Maschinenanlagen an.

Die Struktur kann sich an den Lebensphasen der Maschinenanlage orientieren. Im nachfolgenden Beispiel (siehe Abbildung 12) werden die einzelnen Nutzungsinformationen aus den verschiedenen Quellen, auf die sich die übergeordnete Nutzungsinformation bezieht, kundenspezifisch strukturiert.

Die Sicherheitshinweise werden als separates Handbuch auch zur Sicherheitsunterweisung der Mitarbeiter genutzt. Die elektronische Struktur ist auch in der Ordnerstruktur weitergeführt.

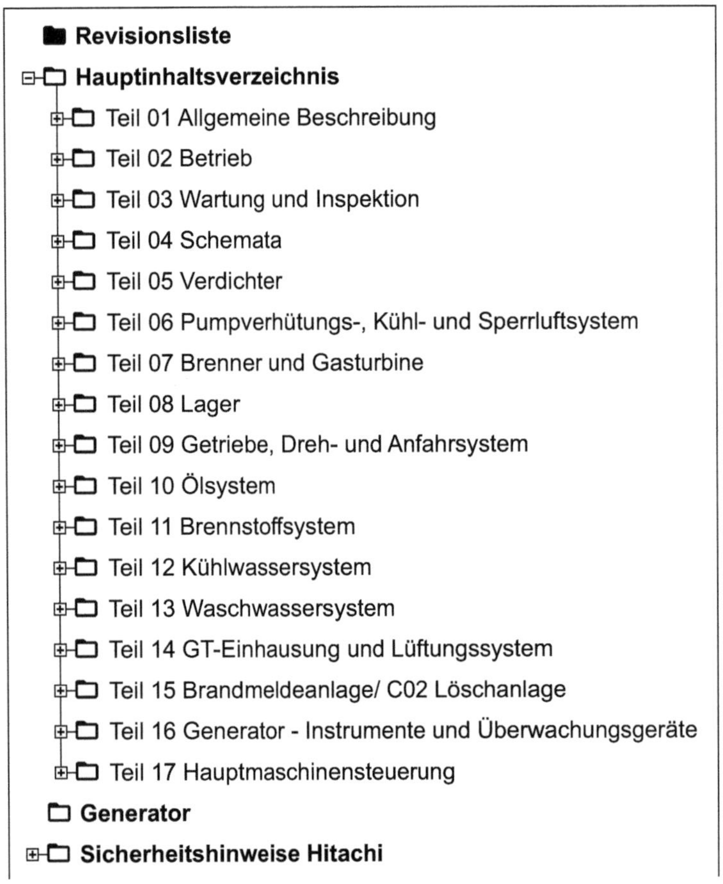

- Revisionsliste
- Hauptinhaltsverzeichnis
  - Teil 01 Allgemeine Beschreibung
  - Teil 02 Betrieb
  - Teil 03 Wartung und Inspektion
  - Teil 04 Schemata
  - Teil 05 Verdichter
  - Teil 06 Pumpverhütungs-, Kühl- und Sperrluftsystem
  - Teil 07 Brenner und Gasturbine
  - Teil 08 Lager
  - Teil 09 Getriebe, Dreh- und Anfahrsystem
  - Teil 10 Ölsystem
  - Teil 11 Brennstoffsystem
  - Teil 12 Kühlwassersystem
  - Teil 13 Waschwassersystem
  - Teil 14 GT-Einhausung und Lüftungssystem
  - Teil 15 Brandmeldeanlage/ C02 Löschanlage
  - Teil 16 Generator - Instrumente und Überwachungsgeräte
  - Teil 17 Hauptmaschinensteuerung
- Generator
- Sicherheitshinweise Hitachi

Abbildung 12: Beispiel für die Nutzungsinformation einer komplexen Maschinenanlage

Hinweis:
Weitere Informationen zur Strukturierung und Dokumentation siehe IEC 81346-1 und IEC 62023; für Maschinen siehe ISO 20607, Abschnitt 5.

8.2 Informationstypen

Konzeptionelle Informationen sind am Anfang einer Dokumentation sinnvoll. Hier kann der Zielgruppe erläutert werden,

- welche Konventionen der Nutzungsinformation zugrunde liegen (z. B. wie Warnhinweise aufgebaut sind und wie Querverweise gekennzeichnet sind),
- wie das Produkt aufgebaut ist und
- wo die wichtigsten Bedienelemente des Produkts sind.

Anleitende Informationen dienen der sicheren und effizienten Durchführung von Handlungen am unterstützten Produkt. Hierbei ist unternehmensintern festzulegen, wie die Zielgruppe wann anzusprechen ist (siehe KAPITEL 6.3.2).

Referenzinformationen dienen zur Navigation innerhalb und außerhalb der Nutzungsinformation. Sie sollten so gestaltet sein, dass die gewünschte Information eindeutig und schnell auffindbar ist. Diese Forderung lässt sich in einer elektronischen Nutzungsinformation durch Hyperlinks lösen. In einer reinen Papierdokumentation müssen andere Konzepte (z. B. direkter Verweis auf eine Seite) erarbeitet werden.

8.3 Strukturierung

Bei der Informationsmodellierung wird in Mikro- und Makrostruktur unterteilt.

Die Mikrostruktur erfolgt im Baustein, z. B. Modul, Knoten, Fragment. Die Benennung der Bausteine variiert von Redaktionssystem zu Redaktionssystem bzw. je nach Festlegung im Unternehmen.

Hier wird festgelegt, was nicht im XML-Schema geregelt werden kann: z. B. Auszeichnungselemente wie Fußnote, Grafikbeschriftung, Zusammenhalten, Plural (für Übersetzung), Singular (für Übersetzung), Sprachneutral oder Zuordnung funktionaler Einheiten wie Aufzählungen, Listen, Handlungsanweisungen. Es können auch Regeln für die Verwendung von Variablen (und gegebenenfalls deren Flexion) und Querverweisen festgelegt werden.

Eine Möglichkeit zur Informationsmodellierung bietet das bereits in KAPITEL 2.4 erwähnte DITA (**D**arwin **I**nformation **T**ype **A**rchitecture). Weitere Möglichkeiten zur Modellierung sind beispielsweise DocBook, S1000D, Funktionsdesign, Information Mapping und Klassenkonzepttechnik.

Bei der Modellierung der Makrostruktur ist in erster Linie die Wiederverwendbarkeit der Bausteine maßgeblich. Die Module müssen so klein sein, dass sie gut wiederverwendbar sind, aber auch so groß, dass sie systematisch auffindbar bleiben. Zur Erhöhung der Wiederverwendbarkeit sollten die Module mit den im Unternehmen festzulegenden Metadaten und gegebenenfalls Taxonomien gekennzeichnet werden.

Die Norm gibt in den Unterabschnitten 8.3.1 bis 8.3.3 Hinweise, was die Norm unter Strukturierung versteht. Konkreter wird die Norm ab Unterabschnitt 8.3.4.1. Hier wird gefordert, dass Schritt-für-Schritt-Anleitungen Vorabinformationen, Anleitungsschritte und Informationen zum Abschluss enthalten.

Nach Unterabschnitt 8.3.4.2 der Norm ist es erforderlich, dass die Vorabinformationen die folgenden Informationen umfassen:

- Einen kurzen Überblick über den Zweck des Verfahrens und Definitionen oder Erläuterungen notwendiger Konzepte, die an anderer Stelle nicht enthalten sind
- Ermittlung der technischen oder administrativen Tätigkeiten, die vor Beginn der Aufgabe erforderlich sind
- Eine Liste der Ressourcen, die die Zielgruppe zur Bewältigung der Aufgabe benötigt, z. B. Werkzeuge, weitere Personen, Daten, Dokumente, Passwörter, zusätzliche Software oder Equipment
- Relevante Warnungen und Hinweise, die für das gesamte Verfahren gelten (siehe auch KAPITEL 7.11.5.3 und KAPITEL 7.11.5.4)

Struktur:	**Beispiel:**
Voraussetzungen: `preconditions`	**Voraussetzungen**:
• Zielgruppe, die die Handlung ausführen soll	• Elektrofachpersonal
• PSA, die für diese Handlung nötig ist	• Schutzhandschuhe
• Maschinenzustand	• Maschine abgeschaltet und gegen Wiedereinschalten gesichert
• Benötigte Werkzeuge	• Spezial-Super-Schlüssel
Handlungsanweisung:	→ So ändern Sie die Einstellungen des Montageprogramms:
→ Ziel: `condition`	a) Montageprogramm wählen, das bearbeitet werden soll.
a) Handlungsschritt `action`	▸ Ein Untermenü öffnet sich.
● ▸ Zwischenergebnis `intermediate result`	b) Anzahl der Zylinder und Sätze eines Arbeitszyklus festlegen.
b) Handlungsschritt `action`	c) Zylinderprogramme und -positionen im WT festlegen.
● ▸ Resultat `reaction`	d) Mit der Taste F9 Eingabe sichern.
	e) Mit der Taste F10 Menü verlassen.
	▸ Das Montageprogramm ist eingerichtet.

Abbildung 13: Struktur und Beispiel für eine Schritt-für-Schritt-Anleitung

Laut Norm müssen die Anleitungsschritte mit arabischen Ziffern nummeriert und in der Reihenfolge der Ausführung dargestellt werden (siehe Unterabschnitt 8.3.4.3). Im obigen Beispiel (siehe Abbildung 13) werden die arabischen Ziffern im Layout durch Buchstaben ersetzt.

Darüber hinaus müssen vor den einzelnen Anleitungsschritten die hierfür relevanten Signalwörter verwendet werden.

Die Norm empfiehlt, soweit möglich den Imperativ zu verwenden. Außerdem sollen Handlungsschritte keine Fragen offenlassen, die Verwender zur Interpretation veranlassen.

Laut Norm muss das Ende einer Schritt-für-Schritt-Anleitung ermöglichen, dass die Zielgruppe bestimmen kann, ob das Verfahren abgeschlossen wurde (siehe Unterabschnitt 8.3.4.4). Es wird empfohlen, das Ende und wichtige Zwischenergebnisse einer Handlungssequenz deutlich zu kennzeichnen (siehe Abbildung 13, die Resultate sind mit grünen Punkten markiert).

8.4 Navigation und Informationsbereitstellung

8.4.1 Allgemeines

Die Norm unterscheidet zwischen gedruckten Nutzungsinformationen und dynamisch (elektronisch) bereitgestellten Nutzungsinformationen.

Sie fordert für beide Bereitstellungsformen, dass die Nutzungsinformationen Elemente enthalten, die eine einfache Navigation ermöglichen. Nähere Informationen dazu siehe auch KAPITEL 8.1.

8.4.2 Gedruckte Nutzungsinformationen

Wie bereits in der Vorversion muss bei mehr als zwei gedruckten Seiten eine Seitennummerierung erfolgen (siehe Unterabschnitt 8.4.2.1).

Hinweis:
Die zusätzliche Angabe der Gesamtanzahl der Seiten nach dem Muster Seite (n) von (m) kann hierbei hilfreich sein und zur Kontrolle der Vollständigkeit genutzt werden.

Ein Inhaltsverzeichnis muss ab einem Umfang von zwölf Seiten bereitgestellt werden, es sei denn, dies ist nachweisbar nicht erforderlich. Dies ist eine Änderung zur Vorgängerversion, die bereits ab einem Umfang von vier Seiten ein Inhaltsverzeichnis gefordert hatte. Die Experten der JWG 16 haben hier aus ihrer eigenen Erfahrung heraus entschieden, dass die alte Anforderung übertrieben war.

Die Anforderung, dass die Überschriften und Seitennummerierung mit denen im Text übereinstimmen müssen, wurde beibehalten. Neu hinzugekommen ist die Empfehlung, dass das Inhaltsverzeichnis genügend Ebenen haben soll, um der Zielgruppe zu helfen, die benötigten Informationen schnell aufzufinden. Das Inhaltsverzeichnis sollte aber möglichst nicht mehr als vier Überschriftsebenen enthalten. Auch diese neue Empfehlung basiert auf der Erfahrung der Experten des Gremiums. Die Empfehlungen zum Index haben sich im Vergleich zur Vorversion nicht geändert, sondern wurden nur um einen informativen Verweis zur ISO 5963 ergänzt. Diese Norm enthält Methoden, um Dokumente zu analysieren, ihren Inhalt zu bestimmen und Indexier-Benennungen auszuwählen.

8.4.3 Elektronische Bereitstellung

Für die elektronische Bereitstellung stellt die Norm wenige Anforderungen auf und gibt mehr Empfehlungen.

Die Norm schreibt vor, dass elektronisch bereitgestellte Nutzungsinformationen über eine Suchfunktion verfügen müssen, die mindestens Textzeichenfolgen enthält. Darüber hinausgehend empfiehlt die Norm, dass die Suche nicht nur als eine Volltextsuche angelegt ist, sondern durch Suchalgorithmen, Taxonomien, Thesauren und andere verfügbare Technologien unterstützt wird. In Unterabschnitt 9.6 fordert die Norm, dass elektronisch bereitgestellte Nutzungsinformationen durchsuchbar sein müssen. Außerdem empfiehlt die Norm an dieser Stelle, dass bei einer Suche auch bei den üblichen Tippfehlern Resultate angezeigt werden sollten.

Wenn einzelne Topics mit anderen, ebenfalls relevanten Topics verlinkt werden, dann darf diese Verlinkung auf keinen Fall die Zielgruppe ablenken oder demotivierend wirken, z. B. indem der Nutzer einem Link nach dem anderen folgt und dabei den Faden verliert. Gibt es für ein Topic Informationen in unterschiedlichen Medien (z. B. reine Textinformationen, Videotutorials oder Audiodateien), dann sollte hier eine gegenseitige Referenzierung und Verlinkung vorgenommen werden, sodass die Informationen zusammen genutzt werden können.

Wenn die Norm von individualisierter und kontextsensitiver Bereitstellung spricht, ist damit etwas anderes gemeint, als gewöhnlich darunter verstanden wird. Mit individualisierter Bereitstellung meint die Norm zunächst einmal, dass möglichst nur die Teilinformation bereitgestellt und angezeigt wird, die benötigt wird, um das gewünschte Ziel zu erreichen oder die gewünschte Aktion durchzuführen. Dabei wird empfohlen, dass die gesamten Informationen zusätzlich noch mit einer anderen Methode bzw. in einer anderen Form bereitgestellt werden.

Darüber hinaus meint die Norm mit individualisierter Bereitstellung aber auch die Bereitstellung von Informationen für eine bestimmte, begrenzte Zielgruppe. Das kann z. B. Fachpersonal sein oder eine Gruppe mit bestimmten Nutzerprofilen. Als Beispiel wird hier eine Gruppe von zahlenden Nutzern genannt. Dieses Beispiel zielt darauf ab, dass die dynamische Informationsbereitstellung auch als Zusatzservice (gegen Bezahlung) angeboten werden kann.

Neben der individualisierten Bereitstellung wird explizit noch die kontextsensitive Bereitstellung genannt. Hiermit ist gemeint, dass die Nutzungsinformationen durch ein elektronisches Gerät bereitstellt werden, das noch zusätzliche Informationen, wie z. B. geographische Daten, Temperatur, Sprachdaten oder visuelle Muster, erfasst und die Nutzungsinformationen diese zusätzlichen Informationen mit einbeziehen.

Hierunter könnte zum Beispiel fallen, dass das die Nutzungsinformationen bereitstellende Gerät über eine Stimmerkennung oder Gesichtserkennung verfügt und somit „weiß“, ob es sich bei der Person um Service- oder Bedienpersonal handelt und entsprechende Informationen ausgibt. Die Nutzung solcher Zusatzinformationen ist selbstverständlich vom Einverständnis dieser Personen abhängig.

9 Medien und Format

Laut der Norm sind redaktionelle Stilrichtlinien für das Format der zu verwendenden Informationen und Medien nach der Art der Zielgruppe und deren Bedürfnisse festzulegen. Die Medien und Formate müssen so gewählt werden, dass während der gesamten vorgesehenen Lebensdauer des Produkts ein einfacher Zugang zu den Nutzungsinformationen möglich ist.

Die Norm erlaubt neben der klassischen gedruckten Ausgabe von Nutzungsinformationen weitere Publikationsmedien. Die Auswahl der geeigneten Medien muss vor allem den gesetzlichen Vorgaben entsprechen.

Die in der Norm exemplarisch dargestellten Medien können und sollen jederzeit ergänzend eingesetzt werden (siehe KAPITEL 11.2.4).

Die Norm enthält in Unterabschnitt 9.1 eine umfassende Liste mit Beispielen für verwendbare Medien (unter anderem Texte, Videos, AR und VR, Broschüren) zur Bereitstellung von Nutzungsinformationen.

Zu ergänzen ist, dass die erwähnten Medien selbstverständlich nebeneinander und redundant verwendet werden können. Wichtig ist hierbei, dass die Erwartungen der Zielgruppe bezüglich des eingesetzten Mediums erfüllt werden.

Die VDI-Richtlinie VDI 4500 Blatt 6 Technische Dokumentation – Dokumentationsprozess – Publizieren gibt weitere Hinweise für den Publikationsprozess.

Hinweis:
Augmented Reality (AR) *heißt übersetzt „erweiterte Realität". Gemeint ist damit die computergestützte Erweiterung der Realitätswahrnehmung. Diese wird durch computergenerierte Zusatzinformationen oder virtuelle Objekte mittels Einblendung/Überlagerung ergänzt. In der Technischen Dokumentation können sich Monteure so beispielsweise den nächsten Arbeitsschritt direkt in ihr Sichtfeld einblenden lassen. Zusätzlich lassen sich Warnhinweise und Zusatzinformationen (z. B. ein zu verwendendes Werkzeug) einblenden.*
Virtual Reality (VR) *ist die Generierung einer computergestützten interaktiven Umgebung. Die VR eignet sich besonders für Trainingszwecke, wie z. B. bei Flugsimulatoren oder der Simulation von Wartungsarbeiten an teuren und/oder hochsensiblen Produkten.*

Über das Internet bereitgestellte Informationen müssen zudem mit den Anforderungen der ISO/IEC 40500 übereinstimmen.
Bei der Auswahl der Publikationsmedien sind die
- gesetzlichen Anforderungen,
- die Erfordernisse des Produkts und
- die Bedürfnisse der Zielgruppe

zu bedenken.

Oft ist es sinnvoll, ein oder mehrere Medien vertraglich mit dem Kunden zu vereinbaren.

Die Norm gibt zur Bereitstellung über unterschiedliche Medien eine Fülle an Anforderungen vor, die bei der Zusammenstellung der Nutzungsinformationen beachtet werden müssen.

Liste der Anforderungen der Norm bezüglich der Medien zur Veröffentlichung der Nutzungsinformationen

Unterabschnitt	Zu prüfende Anforderung	Notizen
9.1 Allgemeines	– Die gewählten Publikationsmedien und -formate ermöglichen während der gesamten vorgesehenen Lebensdauer des Produkts einen einfachen Zugang zu Informationen	
9.2 Haltbarkeit	– Es ist gewährleistet, dass die Nutzungsinformationen auf dem Produkt während der gesamten Lebensdauer lesbar bleiben – Nutzungsinformationen, die nur auf der Verpackung oder auf dem Produkt beiliegenden Materialien zur Verfügung stehen, liegen in dauerhafter Form vor	
9.3 Audiovisuelle Darstellungen	– Die Reihenfolge der Animationen in elektronischen Medien folgt der Reihenfolge der auszuführenden Tätigkeiten – Animationssequenzen sind von synchron gesprochenem oder geschriebenem Text begleitet – Nutzungsinformationen sind von ankündigenden oder werbenden Inhalten getrennt	
9.4 Platzierung und Verfügbarkeit	– Die Nutzungsinformationen stehen an einem oder mehreren Orten zur Verfügung, z. B. auf der Verpackung, als Handbuch, auf Webseiten usw. (siehe KAPITEL 5.3.8) – Informationen über Tätigkeiten bei der Instandhaltung, Fehlerbehebung, Reparatur, Wiederherstellungsarbeiten und der Konsultation von weiteren Technikern sind auch verfügbar, wenn das Produkt ausgefallen ist (z. B. Ausfall der Energieversorgung, Ausfall von Anzeigeeinheiten usw.)	
9.5 Druckfähige Informationen	Abschnitt enthält keine Anforderungen, nur Empfehlungen	
9.6 Benutzerinteraktion und Suchfunktionen	– In elektronischen Medienanwendungen sind Navigationssysteme (vorzugsweise baumartige Systeme) bereitgestellt – Zur Orientierung sind Menüs, Schaltflächen, Hyperlinks, Brotkrumennavigationen und Lesezeichen bereitgestellt	
9.7 Herunterladbare Nutzungsinformationen	– Informationen zum Herunterladen können an den üblicherweise verwendeten Geräten und Betriebssystemen angezeigt werden – Die Webseiten (oder sonstige Plattformen, z. B. Cloudspeicher), von denen die Nutzungsinformationen heruntergeladen werden können, erfüllen folgende Voraussetzungen: ▹ Sie enthalten die notwendige Software oder einen notwendigen Link zum Herunterladen der zum Betrachten erforderlichen Software und ▹ sie ermöglichen jederzeit das Herunterladen der Informationen	
9.8 Eignung für Einsatzbedingungen	– Die eingesetzten Medien sind für die Bedingungen, bei denen sie verwendet werden, geeignet	
9.9 Formatkonsistenz	– Für die Benutzeroberflächen, Datenelemente, Feldnamen, Funktionen, Seiten, Themen und Prozesse wurde ein einheitliches Format verwendet	

Unterabschnitt	Zu prüfende Anforderung	Notizen
Leserlichkeit, Lesbarkeit und Verständlichkeit		
9.10.1 Schriftgrößen	– Texte, Sicherheitszeichen und grafische Symbole sind für die Zielgruppe gut lesbar	
9.10.2 Kontrast	– Bei gedruckten, geprägten und gravierten Nutzungsinformationen ist der Helligkeitskontrast so hoch wie möglich gehalten – Bei Wiedergabe auf Bildschirmgeräten entsprechen die Kontrastanforderungen für Texte der ISO 9241-300	
9.10.3 Platzierung auf Produkt oder Verpackung	– Die Lage und der Winkel der Nutzungsinformationen sind so gewählt, dass sie für den Nutzer beim ersten Kontakt mit dem Produkt sofort sichtbar sind	
9.10.4 Mindesthöhen	Abschnitt enthält keine Anforderungen, nur Empfehlungen	
9.10.5 Einfache Formulierung	Abschnitt enthält keine Anforderungen, nur Empfehlungen	
9.10.6 Informationsabschnitte	Abschnitt enthält keine Anforderungen, nur Empfehlungen	
Einsatz von Visualisierung		
9.11.1 Grafische Symbole und Sicherheitszeichen	– Die grafischen Symbole in den Diagrammen entsprechen der IEC 60617 und ISO 14617, wenn diese Normen anwendbar sind – Symbole in Flussdiagrammen entsprechen der ISO 5807 – Wenn ein Symbol in ISO 7000, ISO 7010 oder IEC 60417 registriert ist, wird das registrierte grafische Symbole auch verwendet – In Nutzungsinformationen sind die Sicherheitszeichen aus der ISO 7010 verwendet – Die Sicherheitszeichen entsprechen den in der Normenreihe ISO 3864 festgelegten Gestaltungsprinzipien – Für Sicherheitsfarben ist die Normenreihe ISO 3864 verwendet	
9.11.2 Illustrationen	– Die Texte und Illustrationen folgen der Arbeitsabfolge – Die Illustrationen sind so nah wie möglich am Text platziert (Text-Bild-Kombination) und können so parallel zum Text betrachtet werden – Erläuternde Texte für eine Illustration sind direkt neben dieser anzubringen – Die Abfolge der Illustrationen ist logisch und verständlich	
9.11.3 Informations-Overload	Abschnitt enthält keine Anforderungen, nur Empfehlungen	
9.11.4 Bildbeschriftung	– Eindeutige Beziehung zwischen Illustration und Beschriftung	
9.12 Tabellen	– Die Tabellen sind klar, informativ und in einem einheitlichen Design dargestellt – Tabellen sind in unmittelbarer Nähe zum zugehörigen Text positioniert, außer bei umfangreichen Referenztabellen, die in Anhängen platziert werden dürfen	
9.13 Farben	Abschnitt enthält keine Anforderungen, nur Empfehlungen	
9.14 Icons	Abschnitt enthält keine Anforderungen, nur Empfehlungen	

Unterabschnitt	Zu prüfende Anforderung	Notizen
Aufmerksamkeit auf sicherheitsbezogene Informationen lenken		
9.15.1 Allgemeines	– Sicherheitsbezogene Informationen sind durch ein Signalwort hervorgehoben (siehe KAPITEL 7.11.5.3 und KAPITEL 7.11.5.4) – Warnhinweise über Gefahren oder Einschränkungen bei der Verwendung sind mindestens so deutlich dargestellt wie alle anderen Informationen in Dokumenten – Sicherheitshinweise sind in den Nutzungsinformationen vor der Gebrauchsbeschreibung des Produkts an einer gut sichtbaren Stelle platziert und durch eine Kopfzeile hervorgehoben – Auf einem Bildschirm angezeigte Warnhinweise sind während der gesamten für den Nutzer relevanten Zeit sichtbar – Illustrationen, die dazu bestimmt sind, sicherheitsbezogene Informationen zu vermitteln, verwenden Farben, Formen, Positionen oder andere Mittel, um diese Informationen auffällig zu machen	
9.15.2 Haltbarkeit und Sichtbarkeit	– Die Sichtbarkeit der Warnhinweise ist über die vorgesehene Lebensdauer des Produkts gewährleistet – Bei farbigen Warnhinweisen sind Verfärbungen und Ausbleichungen in den Nutzungsinformationen ausgeschlossen	

9.1 Allgemeines

Die Norm fordert, dass die Medien und Formate während der gesamten vorgesehenen Lebensdauer (intended lifetime) des Produkts einen einfachen Zugang ermöglichen.

Diese Aufgabe ist für Produkte mit hoher Lebensdauer bei der Auslieferung des Produkts schwer erfüllbar und erfordert eine umfassende Vorbereitung der späteren Verteilung der Nutzungsinformationen und Auswahl der Publikationskanäle. Zur Auswahl der Publikationskanäle gibt es technische Möglichkeiten, die jedoch für die betreffende Zielgruppe geeignet sein müssen. Diese Bereitstellungsvarianten müssen passend zum Produkt einen einfachen und dauerhaften Zugriff ermöglichen.

Die folgenden Beispiele liefern einen Anhalt, wie Nutzungsinformationen ergänzend zu den mit dem Produkt ausgelieferten Dokumenten bereitgestellt werden können:

– QR-Codes oder Barcodes (siehe Abbildung 14) aus Begleitdokumenten oder dem Produkt selbst ermöglichen, dass über einen Weblink oder Webdownload die Nutzungsinformationen z. B. als PDF/A heruntergeladen werden können. Hierbei ist jedoch zu beachten, dass nicht mit Sicherheit gewährleistet werden kann, dass diese Technologien in (ferner) Zukunft funktionieren.

Abbildung 14: Beispiel für einen QR-Code und einen Barcode

- Ebenso muss sichergestellt sein, dass die bereitgestellten Codes auch lesbar sind und ständig mit der Quelle verbunden bleiben.
  Hinweis:
  Es ist auf ein mögliches Ablaufdatum generierter QR- oder Barcodes zu achten.
- Ausstattung des Produkts mit einem NFC-Chip (Near Field Communication). In diesem Chip können (zurzeit zumindest kurze) Nutzungsinformationen enthalten sein, die z. B. mit einem NFC-fähigen Smartphone abgerufen werden können. Der Chip kann auch einen Link zur aktuellen Nutzungsinformation, die im Internet verfügbar ist, zur Verfügung stellen.
  Es muss sichergestellt sein, dass die bereitgestellten Chips auch lesbar sind und ständig mit der Quelle verbunden bleiben. Beeinflussungen aus der Umgebung des verwendeten Produkts (z. B. starke Magnetfelder) müssen berücksichtigt werden.
- Angabe der Hotline auf dem Produkt (z. B. mittels Aufkleber), über die die Nutzungsinformation telefonisch oder per E-Mail geordert werden kann. Sinnvoll ist neben der Hotline eine Kennzeichnung des Produkts (Angaben am Typenschild oder eigene Produkt-ID) zur eindeutigen Identifizierung. Diese Methode ist zu bevorzugen, wenn die Zielgruppe kaum bis wenig technikaffin ist.

9.2 Haltbarkeit der ausgewählten Medien

Zur Erfüllung der Norm ist es notwendig, zu gewährleisten, dass die Nutzungsinformationen während der gesamten Produktlebensdauer lesbar bleiben. Darüber hinaus sind auch Informationen, die nur auf der Verpackung oder auf Materialien, die dem Produkt beiliegen, in dauerhafter Form zu liefern. Hier greift ein Satz wie „Verwahren Sie diese Informationen dauerhaft auf" zu kurz. Je nach Produkt sollten Möglichkeiten recherchiert werden, der Zielgruppe einen zusätzlichen Nutzen zu bieten. Nutzungsinformationen für eine Mikrowelle könnten z. B. Kochrezepte enthalten. Oder die Verpackung könnte so gestaltet werden, dass sie eine praktische Aufbewahrungsbox ist.

Die Forderungen zur Beständigkeit von Nutzungsinformationen beziehen sich nicht nur darauf, dass die Lesbarkeit der Information dauerhaft sein muss (z. B. durch den Erhalt des Kontrasts), sondern auch darauf, dass das Medium zur Wiedergabe der Nutzungsinformation (z. B. CD, Datenbrille) während der voraussichtlichen Lebensdauer einsetzbar sein muss. Hinweise hierzu siehe auch KAPITEL 9.1.

Hinweis:
Technische Entwicklungen sind nur schwer vorhersehbar. Daher soll die Auswahl der Medien bezüglich der Beständigkeit entsprechend anerkannten, standardisierten und gegebenenfalls genormten Archivierungsmethoden erfolgen. Experten zur dauerhaften Datenspeicherung und Verfügbarmachung von Daten auf elektronischen Medien können hier die Auswahl unterstützen.

9.3 Verwendung von Animationen oder audiovisuellen Darstellungen

Bei der Verwendung von Animationen und audiovisuellen Darstellungen verlangt die Norm, dass die Reihenfolge der Animationen der Reihenfolge der Tätigkeiten entspricht. Die Animationssequenzen sind synchron zur dargestellten Handlung mit Sprechertext und/oder Untertiteln zu begleiten. Darüber hinaus sind Nutzungsinformationen von werbenden Inhalten zu trennen.

9.4 Platzierung und Verfügbarkeit

Die Nutzungsinformationen müssen laut Norm mindestens an einem Ort, bei entsprechendem Bedarf auch an mehreren Orten, zur Verfügung stehen. Es ist zu berücksichtigen, dass Informationen auch für Tätigkeiten während eines Stillstands oder Ausfalls des Produkts verfügbar sein müssen.

Anzeigen wie Displays oder Steuerungseinheiten des Produkts, auf denen Nutzungsinformationen verfügbar sind, können über eine Unterbrechungsfreie Stromversorgung (USV) oder eine Zusatzbatterie auch während eines (kurzfristigen) Stillstands mit Strom versorgt werden. Kann der Stillstand (oder Ausfall des Produkts) längere Zeit andauern, so sollten die Nutzungsinformationen zusätzlich in einem unabhängigen Medium zur Verfügung stehen (siehe KAPITEL 8.1.).

9.5 Druckfähige Informationen

Die Norm schlägt vor, dass für Dokumente, die gedruckt werden können, beim Erstellungsprozess zu beachten ist, dass

- die Informationen unter Berücksichtigung des gewählten Formats leserlich sind (siehe auch Tabelle 4 in Unterabschnitt 9.10.1 der Norm),
- der Umfang (Seitenzahl) des gedruckten Dokuments die vollständigen Informationen beinhaltet.

Es ist sinnvoll, bereits beim Entwicklungsprozess zu druckender Nutzungsinformationen darauf zu achten, dass die Inhalte auch zukünftig gut leserlich bleiben. Weitere Anforderungen an den Informationsmanagementprozess siehe KAPITEL 6. Das gilt auch für elektronisch bereitgestellte Nutzungsinformationen, die gedruckt werden können, z. B. PDF-Dateien.

9.6 Benutzerinteraktion und Suchfunktionen

Zur Erfüllung der Norm ist es erforderlich, dass in elektronischen Medienanwendungen Navigationssysteme bereitgestellt werden. Hierzu empfiehlt sich eine Baumstruktur. Nach der Norm muss mithilfe von Menüs, Schaltflächen, Hyperlinks, Brotkrumennavigationen und Lesezeichen die Orientierung in Nutzungsinformationen ermöglicht werden.

Hinweis:
Brotkrumennavigation ist ein Entwurfsmuster für die Gestaltung grafischer Benutzeroberflächen. Das kann eine Textzeile sein, die Auskunft darüber gibt, in welcher Verzweigung innerhalb einer Applikation sich der Nutzer befindet.

Wie bereits im Rahmen von Unterabschnitt 8.4 fordert die Norm die Durchsuchbarkeit von elektronisch bereitgestellten Informationen und empfiehlt, dass Resultate auch im Fall von üblichen Tippfehlern angezeigt werden sollten.

9.7 Herunterladbare Nutzungsinformationen

Die herunterladbare Nutzungsinformation sollte möglichst ohne zusätzlich herunterzuladende Software angezeigt werden können. Das kann beispielsweise dadurch gelöst werden, dass auf der Webseite ein geeignetes Anzeigeprogramm integriert ist. Eine andere Möglichkeit ist beispielsweise die Anzeige der Nutzungsinformationen auf einer separaten Webseite. Allerdings sollten die Informationen der Zielgruppe auch immer so zur Verfügung gestellt werden, dass diese sie auch offline nutzen kann.

Weitere Hinweise liefert ISO/IEC/IEEE 23026.

9.8 Eignung für die Einsatzbedingungen des unterstützten Produkts

Die Norm verlangt, dass die Medien für die Bedingungen, bei denen sie verwendet werden, geeignet sind.

Zur Erfüllung dieser Anforderung ist es notwendig, sowohl eine Zielgruppenanalyse (siehe ISO/IEC 26514) als auch eine Analyse des voraussichtlichen Einsatzorts des Produkts bzw. der Nutzungsinformation durchzuführen. Darüber hinaus sind hierfür auch die Anforderungen aus KAPITEL 9.2 und KAPITEL 9.4 zu berücksichtigen.

Tabelle 3 der Norm enthält Beispiele nicht geeigneter Medien. Im Sinne der positiven Formulierungen folgt hier eine Tabelle mit Beispielen geeigneter Medien:

Tabelle 9: Beispiele geeigneter Medien bei unterschiedlichen Bedingungen

Bedingungen für die Nutzung des unterstützten Produkts	**Geeignete Medien für die zur Nutzung bestimmten Informationen**
Schwachlichtbedingungen	Beleuchteter Text (z. B. Reader mit Hintergrundbeleuchtung), Virtual Reality (VR)
Laute Umgebung Gehörschutz	Text und/oder Bilder, Piktogramme
Nässe, Feuchtigkeit Reinraumbedingungen	Augmented Reality (AR), eingeschweißte Papieranleitungen, Audioanleitungen

9.9 Formatkonsistenz

Die Norm fordert die Verwendung eines einheitlichen Formats für Benutzeroberflächen, Datenelemente, Feldnamen, Funktionen, Seiten, Themen und Prozesse.

9.10 Leserlichkeit, Lesbarkeit und Verständlichkeit

9.10.1 Textschriftgrößen und -höhen von Sicherheitszeichen und grafischen Symbolen

Textschriften, Sicherheitszeichen und grafische Symbole müssen in einem für den Verwender angenehmen Abstand zur Information gut lesbar sein, egal ob gedruckt, in das Produkt integriert oder computergestützt.

In Tabelle 4 der Norm sind die empfohlenen Mindestschriftgrößen und -höhen aufgeführt. Diese Tabelle unterscheidet sich kaum von der Tabelle 2 der alten IEC 82079-1. Auch der Hinweis, dass die beste Lesbarkeit erreicht wird, wenn das Verhältnis zwischen Schriftart, Größe, Kontrast, Anzahl der Zeichen pro Zeile und Zeilenabstand optimiert wird, hat sich im Vergleich zur Vorgängernorm nicht geändert. In der überarbeiteten Norm wurde ergänzt, dass 70 Zeichen pro Zeile und ein Zeilenabstand von mindestens 120 % der Schriftgröße bei lateinischen Buchstaben gewählt werden sollten. Die Norm fordert, dass bei der Verwendung von fett gedruckten oder unterstrichenen Texten die Lesbarkeit nicht beeinträchtigt werden darf. Zielgruppen mit Hör- oder Sehbeeinträchtigungen müssen bei der Gestaltung der Texte, Sicherheitszeichen oder grafischen Symbole berücksichtigt werden.

9.10.2 Maximaler Helligkeitskontrast

Zur Einhaltung der Norm sind Textschriften, Sicherheitszeichen und grafische Symbole für die Zielgruppe gut lesbar zu gestalten. Bei gedruckten, geprägten und gravierten Nutzungsinformationen ist der Helligkeitskontrast so hoch wie möglich zu halten. Bei Wiedergabe auf Bildschirmgeräten haben die Kontrastanforderungen für Texte der ISO 9241-300 zu entsprechen.

Hinweise zu den Anforderungen aus KAPITEL 9.10.1 und KAPITEL 9.10.2 sind in Tabelle 4 der Norm wiedergegeben.

9.10.3 Nutzungsinformationen auf dem unterstützten Produkt oder der Verpackung

Die Norm verlangt, dass die Lage der Informationen auf dem Produkt und der Winkel zwischen seiner Oberfläche und der vertikalen Ebene so beschaffen sein muss, dass sie von der vorgesehenen Position des Benutzers aus leicht lesbar sind.

Bei Nutzungsinformationen für Personen mit besonderen Bedürfnissen sollten die Positionierung und die Lage der Nutzungsinformation berücksichtigt werden.

Es bietet sich an, bei der Zielgruppenanalyse zu berücksichtigen, wie die Zielgruppe das Produkt üblicherweise verwendet und ob definierte Positionen für den/

die Verwender vorgesehen sind. Wird die Nutzungsinformation z. B. in einer am Produkt angebrachten Box mitgeliefert, so liegt es nahe, diese Box farblich vom Grundfarbton der Maschine abzuheben und sie mit dem Piktogramm „Anleitung beachten“ aus ISO 7010, M002 zu versehen:

Abbildung 15: Piktogramm „Anleitung beachten“ nach ISO 7010

Hinweis:
Generell sollte beim Hinweis auf die Beachtung der Anleitung das international genormte Gebotszeichen eingesetzt werden. Eigenkreationen (siehe Abbildung 16) sollten vermieden werden.

	Please read this instruction manual carefully, especially the safety warnings marked with the symbol.
	Read this manual carefully. Make sure that you are familiar with the different controls, settings and handles of the equipment.

Abbildung 16: Selbst gestalteter Hinweis zur Verwendung der Anleitung (zu vermeiden)

9.10.4 Mindesthöhen von Sicherheitszeichen und grafischen Symbolen

Die Norm rät genau wie die Vorgängernorm, dass bei Sicherheitszeichen und grafischen Symbolen die in Tabelle 4 aufgeführten Höhen berücksichtigt werden sollten. Schrifthöhen, die z. B. aufgrund der Größe des Produkts unter den Vorgaben der Tabelle liegen, sollten lediglich nach gründlicher Abwägung der möglichen Sicherheitsfolgen für die Zielgruppe gewählt werden.

Hinweis:
Gegebenenfalls können länderspezifische gesetzliche Vorschriften von der Norm abweichende Mindesthöhen aufweisen (z. B. Einzelakte des amerikanischen Consumer Product Safety Councils [CPSC]).

9.10.5 Regeln der einfachen Formulierung

Die Norm rät dazu, in kurzen Sätzen nach dem Prinzip „Ein Ausdruck, eine einfache Bedeutung“ zu schreiben. Die Formulierungen sollen einfach und eindeutig sein. Umgangssprachliche Ausdrücke und unübliche regionale Variationen von Benennungen sollten vermieden werden, da dies nicht nur die Aufnahme der Informationen und die Verständlichkeit beeinträchtigen kann, sondern auch Fehler in Übersetzungen nach sich zieht.

Eine Anleitung sollte bestenfalls ohne Glossar auskommen. Auch hier gilt es, die Zielgruppe(n) zu berücksichtigen. Von ausgebildeten Technikern kann ein anderer Wortschatz erwartet werden als vom Endverbraucher. Eine konsistente Terminologiearbeit ist Voraussetzung zur Erfüllung dieses Punktes.

Zur Einordnung der gewünschten Formulierungen ist eine grobe Einteilung in vier Hauptzielgruppen hilfreich:

- Desinteressierter Laie: Hat kaum technisches Verständnis und will sich dieses auch nicht aneignen. Anleitungen müssen einfach und verständlich gehalten werden, ohne Verwendung von Fachausdrücken.
- Interessierter Laie: Hat kaum technisches Verständnis, ist jedoch bereit, sich technisches Verständnis anzueignen. Fachausdrücke sollen vermieden werden und einfache Formulierungen sollen das Verständnis fördern.
- Praxisanwender: Verwendet das Produkt, ohne die Nutzungsinformationen genau durchzulesen. Einfache Formulierungen sollen die Bereitschaft zum Lesen fördern. Fachausdrücke können sparsam eingesetzt werden, müssen jedoch in einem Glossar definiert werden.
- Vollprofi: Versteht die Technik und kann auch mit anspruchsvollen Formulierungen gut umgehen (z. B. medizinisches Fachpersonal). Fachausdrücke sollen verwendet werden.

9.10.6 Funktion der Informationsabschnitte

Die Norm rät dazu, Informationsabschnitte leicht erkennbar zu machen und das Identifizieren von verschiedenen Arten von Informationen eindeutig zu gestalten.

Die Erkennbarkeit der Informationsabschnitte kann durch Überschriften, Marginalien und (lebende) Kolumnentitel (siehe KAPITEL 8.1) erreicht werden.

9.11 Einsatz von Visualisierung

9.11.1 Grafische Symbole und Sicherheitszeichen

Die Norm schlägt vor, grafische Symbole in den Diagrammen entsprechend der IEC 60617 und ISO 146117 einzusetzen. Voraussetzung zur Erfüllung der Norm ist allerdings, dass Symbole in den Flussdiagrammen der ISO 5807 entsprechen.

Ist ein grafisches Symbol in ISO 7000 oder IEC 60417 registriert, muss dieses Symbol auch verwendet werden.

Grafische Symbole und Sicherheitszeichen stellen ein sprachunabhängiges Mittel zur Vermittlung von Sicherheitsinformationen dar. In den Nutzungsinformationen dürfen daher nur Sicherheitszeichen nach ISO 7010 verwendet werden, die nach den Vorgaben von ISO 3864-x (einschließlich Formen und Farben) gestaltet wurden. Diese Forderung gewährleistet, dass die sprachunabhängigen Sicherheitsinformationen von einer möglichst breiten Zielgruppe ohne zusätzliche Informationen verstanden werden. Für US-Anleitungen sind dazu vorrangig die Vorgaben der ANSI Z535 zu beachten.

Die in der Normenreihe ISO 3864-1 festgelegten Sicherheitsfarben dürfen nur für Sicherheitszeichen verwendet werden. Die Norm weist darauf hin, dass Regeln für zeichnungsspezifische Diagramme in IEC 61082-1, ISO 5807 und ISO 15519-1 enthalten sind. Die Nutzung bereits normierter grafischer Symbole ist – neben der teilweisen Erfüllung der Forderung der Norm – auch wegen des Wiedererkennungswertes sinnvoll.

9.11.2 Illustrationen

Illustrationen sollten selbsterklärend und so gestaltet sein, dass die Aufmerksamkeit auf wichtige Details gelenkt wird. Sie sollten für die Zielgruppen in den Zielkulturen geeignet sein (Lokalisierung von Illustrationen) und durch kompetente Grafiker oder technische Illustratoren individuell für jeden Zweck gestaltet und ausgewählt werden.

Die Druckqualität oder die Bildschirmauflösung sollte so angepasst werden, dass eine rasche Wahrnehmung gefördert wird.

Die Norm verlangt, dass beim Beschreiben einer Arbeitsabfolge die Texte und Illustrationen dieser folgen müssen.

Illustrationen müssen so nah wie möglich am Text der Arbeitsabfolge platziert werden (Text-Bild-Kombination, siehe Abbildung 17). Bei erläuternden Texten für eine Illustration sind diese direkt neben der Illustration vorzusehen. Die Abfolge der Illustrationen muss logisch und verständlich sein (siehe Abbildung 18). Nach der Norm sollte für das schnelle Erkennen von Illustrationen eine gute Druckqualität (über 300 dpi) bzw. eine ausreichende Bildschirmauflösung vorliegen.

Zur Erfüllung dieser Forderung bietet sich (je nach Größe der Illustration) ein zweispaltiges und/oder doppelseitiges Layout an. So kann der Nutzer mehr Informationen auf einen Blick erfassen. Sollte die Illustration so groß sein, dass eine Spalte eines zweispaltigen Layouts nicht ausreicht, kann die Grafik auf der geraden und die zugehörige Beschreibung auf der gegenüberliegenden ungeraden Seite dargestellt werden. Werden mehrere Doppelseiten benötigt, sollten hierfür Vorlagen erarbeitet werden.

Handlung 6.1:

Kontrolle der Fettfüllung der Hochdruckschmierbüchse.

Für einen störungsfreien Betrieb und eine lange Lebensdauer muss der Innenraum im Stehlager ständig mit Fett gefüllt sein. Die Hochdruckschmierbüchse gewährleistet eine permanente Fettzufuhr.

Wer: geschultes Bedienpersonal

Wann: monatlich

Wie: Durch das Schauglas die Fettfüllung der Schmierbüchse kontrollieren.

Ist die Füllung an der unteren Markierung (leer), Hochdruckschmierbüchse auffüllen, wie in Handlung 6.8 beschrieben.

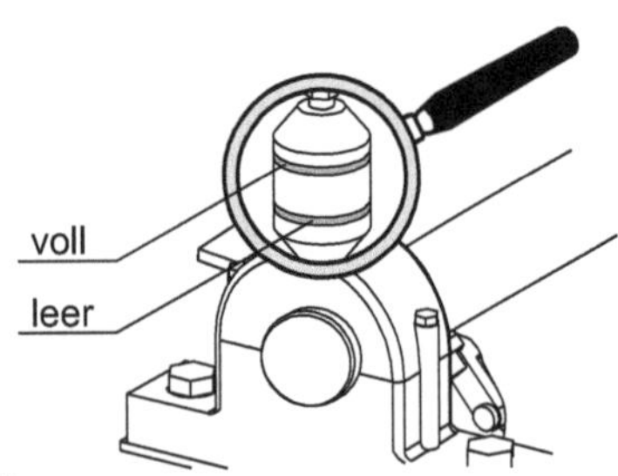

Abbildung: Hochdruckschmierbüchse

Abbildung 17: Beispiel Text-Bild-Bezug (Hochdruckschmierbüchse)

Betriebsanleitung
Umbauständer

3.3 Lager wechseln / Rolle umbauen

1. Öffnen Sie die Druckluftversorgung für die luftbetriebene Hydraulikpumpe.

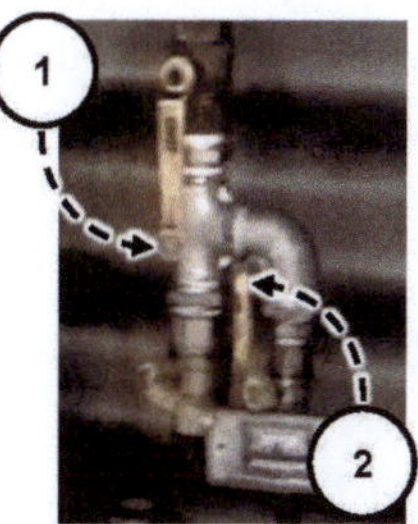

2. Öffnen Sie die Fixierklemme, damit Sie die umzubauende Rolle einlegen können.

3. Legen Sie die Rollen mit Hilfe des Hallenkrans in den Umbauständer ein.

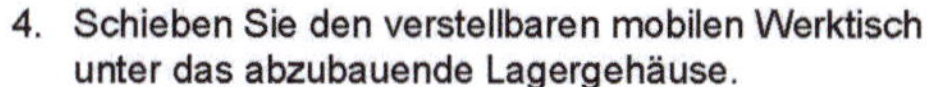

Vorsicht beim Krantransport! Gefahr durch schwebende Lasten, quetschen und stoßen!

4. Schieben Sie den verstellbaren mobilen Werktisch unter das abzubauende Lagergehäuse.

5. Entfernen Sie die Lagerschalen durch lösen der Schraubverbindungen.

6. Entfernen Sie die untere Hälfte durch Absenken des Werktisches.
7. Nehmen Sie die obere Hälfte ab und legen Sie diese auf dem Werktisch ab.
8. Entfernen Sie die weiteren Komponenten:
   - Simmeringe
   - O-Ringe

Datum	Ersteller	Datum	Prüfer	ZDM-Nr.	Typ	Blatt	Version
01.01.20xx		15.01.20xx		**123456789**	**BHB**	23 von 31	**a**

Abbildung 18: Beispiel Text-Bild-Bezug (Betriebsanleitung)

9.11.3 Eine Illustration, ein Informationsprodukt

Die Norm verlangt, dass ein Informations-Overload der Illustrationen zu vermeiden ist. Sie schlägt vor, dass Illustrationen nur Informationen enthalten sollten, die für die Beschreibung der zugehörigen Funktion relevant sind. Die Illustrationen oder detaillierte Teile davon sollten in den jeweiligen Teilen der Nutzungsinformationen bei Bedarf wiederholt werden.

9.11.4 Illustration mit Beschriftung

Die Norm schlägt vor, dass Illustrationen beschriftet werden sollen. Sie verlangt, dass die Beziehung zwischen Illustration(en) und der Beschriftung eindeutig ist. Die Beschriftung der Illustrationen sollte immer in der gleichen Position erfolgen (z. B. immer oberhalb oder unterhalb der Illustration).

9.12 Verwendung von Tabellen

Die Norm verlangt, dass Tabellen klar dargestellt werden. Sie müssen informativ sein und ein einheitliches Design haben. Gibt es beschreibenden Text, der sich auf die Tabelle bezieht (oder umgekehrt: bezieht sich eine Tabelle auf beschreibenden Text), so ist dieser neben der Tabelle zu platzieren. Umfangreiche Referenztabellen gehören laut Norm in den Anhang.

9.13 Verwendung von Farben

Die Norm schlägt vor, Farben nur als ergänzendes Mittel zu verwenden, um die Aufmerksamkeit auf bestimmte Informationsabschnitte zu lenken, wenn die Zielgruppe Personen mit Farbfehlsichtigkeiten umfassen könnte.

Zielgruppen, bei denen eine Farbfehlsichtigkeit ausgeschlossen werden kann, sind relativ selten. Allerdings wird bei bestimmten Berufsgruppen, wie beispielsweise bei Piloten oder Elektrofachkräften, vorausgesetzt, dass keine Farbfehlsichtigkeit vorliegt. Im Normalfall ist also davon auszugehen, dass in der Zielgruppe Personen mit Farbfehlsichtigkeit vorkommen.

Kontrastierende Farben in Nutzungsinformationen sollten auch beim Schwarz-Weiß-Druck deutlich erkennbar sein. Es bietet sich an, diese Voraussetzungen bei der Zielgruppenanalyse bzw. bei der Veröffentlichungskonzeption zu berücksichtigen.

9.14 Verwendung von Icons

Die Norm empfiehlt, dass für dasselbe Objekt oder dieselbe Funktion immer das gleiche Icon verwendet wird. Wenn ein Icon eine Änderung repräsentiert (z. B. Δ für Differenz), soll es konsistent verwendet werden. Die Norm verweist zudem auf IEC 62744, die Informationen bereitstellt, wie Icons zur Darstellung von Informationen zum Verhalten des unterstützten Produkts zu verwenden sind.

9.15 Aufmerksamkeit auf sicherheitsbezogene Informationen lenken

9.15.1 Allgemeines

Die Norm fordert, dass sicherheitsbezogene Informationen durch ein einleitendes Signalwort (siehe Unterabschnitte 7.11.5.3 und 7.11.5.4) in größerer und/oder anderer Schriftart oder Schriftgröße, durch die Anwendung von Farben, Sicherheitszeichen oder grafischen Symbolen, Linien, Einzügen oder anderen Mitteln hervorgehoben werden müssen.

Warnhinweise vor Gefährdungen oder Gebrauchsbeschränkungen (z. B. „Nicht für Kinder unter drei Jahren geeignet") sind entscheidend für die Sicherheit und müssen mindestens genauso auffällig angegeben sein wie andere Informationen in Dokumenten, die mit dem Produkt bereitgestellt werden.

Sind Warnhinweise zwischen Handlungsschritten eingebettet, sollte die Formatierung des Warnhinweises die Zielgruppe nicht vom Lesen der Informationen zu den Handlungsschritten ablenken.

Sicherheitshinweise müssen durch eine Kopfzeile hervorgehoben werden, die die danach folgenden Inhalte als sicherheitsbezogen kennzeichnen (ergänzend zur Norm kann hier das Signalwort für Sicherheitsanweisungen aus ANSI Z535 nützlich sein). Sie müssen in den Nutzungsinformationen an einer gut sichtbaren Stelle, noch vor der Erklärung des Gebrauchs des Produkts, platziert werden. In gedruckten Nutzungsinformationen müssen allgemeine Sicherheitshinweise im vorderen Teil und vor den Transport-, Montage- und Betriebsinformationen usw. dargestellt werden.

Auf einem Bildschirm angezeigte Warnmeldungen müssen während der gesamten Zeit, in der das Signal für die Warnung ansteht, sichtbar sein. Zur Erfüllung dieser Forderung schlägt die Norm vor, dass die Beendigung der Anzeige der Warnmeldungen eine Bestätigung des Benutzers erfordert.

Für Illustrationen in sicherheitsbezogenen Informationen müssen Farben, Formen, Positionierungen und andere Mittel verwendet werden, die sie auffällig machen. Zur Betonung zentraler Aussagen sollten Sicherheitszeichen und grafische Symbole verwendet werden (siehe KAPITEL 9.11.1).

Eine ordnungsgemäße Risikobeurteilung (nach EN ISO 12100) ist Grundvoraussetzung zur Ermittlung der richtigen Signalwörter und sämtlicher sicherheitsbezogener Informationen.

Innerhalb der Risikobeurteilung werden eine Reihe von Informationen ermittelt, die der Ersteller der Gebrauchsanleitung für „seine" Nutzungsinformation nutzen bzw. übernehmen kann. Ergänzend zur Risikobeurteilung sollte bereits eine Einordnung der Sicherheitsinformationen in den späteren Nutzungsinformationen erfolgen.

Die folgende Aufzählung gibt einen Überblick, welche Informationen infrage kommen können:

- Grenzen des Produkts (siehe KAPITEL 12.2)
- Lebensphasen des Produkts (siehe KAPITEL 12.3)
- Ort und Art der Schutzeinrichtungen (inklusive Informationen zu sicherer Montage und Demontage sowie Funktionsprüfung vor Inbetriebnahme)
- Bestimmungsgemäße Verwendung und vernünftigerweise vorhersehbarer Gebrauch

- Allgemeines Verhalten des Personals (Informationen für Sicherheitshinweise bzw. das Sicherheitskapitel):
  - ▹ Anforderungen an die Schutzausrüstung (allgemein)
  - ▹ Anforderungen und Mindestbestimmungen an regelmäßige Schulungen
  - ▹ Kontrolle der Piktogramme am Produkt
- Verhalten des Personals bei gefährlichen Handlungen (Informationen für Warnhinweise bzw. das Sicherheitskapitel):
  - ▹ Anforderungen an die spezifische Schutzausrüstung zur Durchführung der Handlung
  - ▹ Mindestqualifikation zur Durchführung der Handlungsschritte
  - ▹ Warnhinweis nach dem SAFE-Prinzip:
    Signalwort
    Art und Quelle der Gefahr
    Folgen bei Nichtbeachtung
    Entkommen aus der Gefahr (Maßnahmen zur Gefahrenabwehr/ -vermeidung)
- Anforderungen an die Ausbildung des Personals (bei den unterschiedlichen Tätigkeiten)

Die Restrisiken sind in einer ordnungsgemäßen Risikobeurteilung klar zu benennen und zu kennzeichnen, sodass der verantwortliche Ersteller der Nutzungsinformation diese Informationen herausfiltern kann.

Dazu muss eine ordnungsgemäße Risikobeurteilung insbesondere folgende konkrete Informationen enthalten:
- Gefahrenbereiche
- Lebensphase(n), in denen die Gefahr besteht
- Benennung der Handlungen, die mit (Rest-)Risiken verbunden sind
- Einstufung der Gefahr

Damit der Ersteller der Nutzungsinformation das richtige Signalwort einsetzt, sollte die Festlegung nach einem standardisierten Schema erfolgen.

Eine Möglichkeit zur Ermittlung des Signalwortes besteht in der Nutzung des „Signal Word Selection Process“ aus ANSI Z535.6, der auch die Grundlage der ISO 3864-2 darstellt (siehe Abbildung 19).

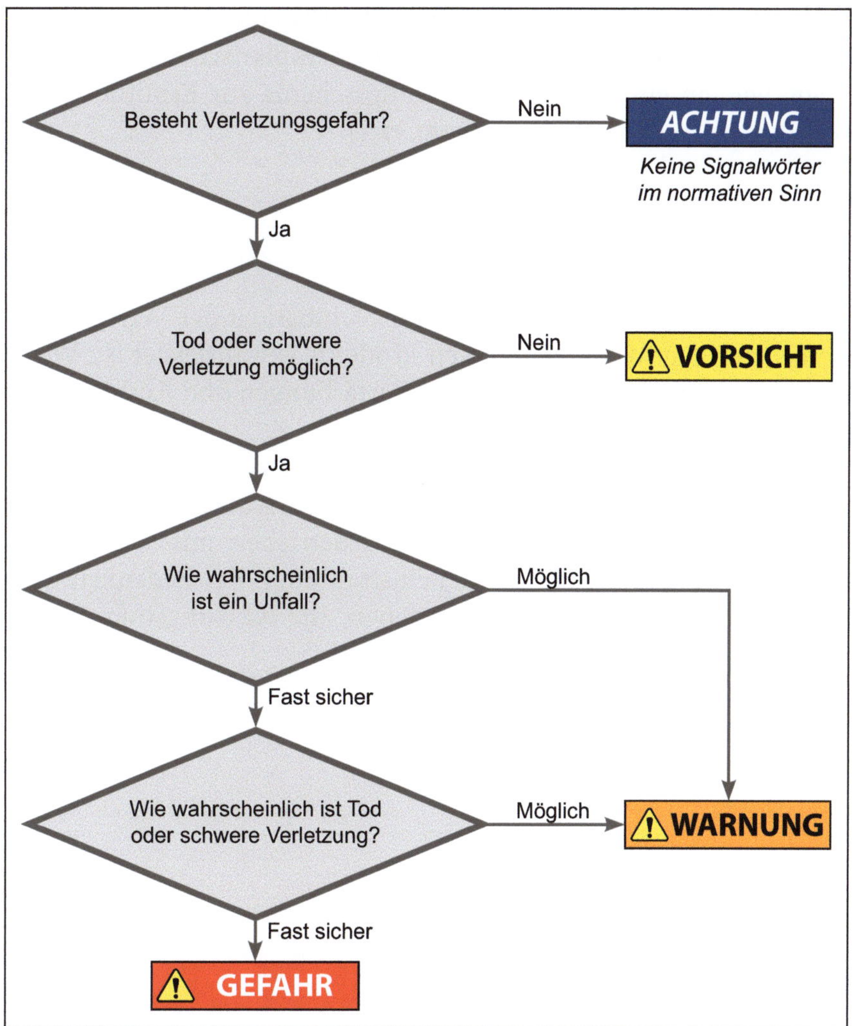

Abbildung 19: Auswahlprozess des Signalworts

Hinweis:
ISO 3864-2 gibt im informativen Anhang B auch eine Übersicht über die Signalwörter in 19 verschiedenen Sprachen.

Resultierend aus den zuvor genannten Punkten müssen Warnungen vor Restrisiken in der Nutzungsinformation wie folgt dargestellt und mit Signalworten entsprechend der Risikostufe gekennzeichnet werden:

- GEFAHR bezeichnet eine Gefährdung mit einer hohen Risikostufe, die, wenn sie nicht vermieden wird, den **Tod oder eine schwere Verletzung zur Folge hat.**
- WARNUNG bezeichnet eine Gefährdung mit einer mittleren Risikostufe, die, wenn sie nicht vermieden wird, den **Tod oder eine schwere Verletzung zur Folge haben könnte**.
- VORSICHT bezeichnet eine Gefährdung mit einer niedrigen Risikostufe, die, wenn sie nicht vermieden wird, eine **geringfügige oder mäßige Verletzung zur Folge haben könnte.**

In der Praxis muss diese Signalwortwahl mit dem in der Risikobeurteilung genutzten Risikographen getroffen werden. Im Anhang wird exemplarisch an einigen Risikographen gezeigt, wie ein einheitliches Bewertungsschema zur Ermittlung von Signalwörtern erstellt werden kann (siehe KAPITEL 12.5).

9.15.2 Haltbarkeit und Sichtbarkeit

Zur Einhaltung der Norm ist es notwendig, dass die Sichtbarkeit der Warnhinweise über die ganze Lebensdauer des unterstützten Produkts gewährleistet ist. Wenn Farben für Warnhinweise verwendet werden, sind Verfärbungen und Ausbleichung in der Nutzungsinformation zu verhindern.

Zur Einhaltung dieser Forderung ist bei der Konzeption von gedruckten Nutzungsinformation insbesondere darauf zu achten, wo die Nutzungsinformation gelagert werden (z. B. in Feuchträumen, in Industriebetrieben mit starker Verschmutzung oder an Orten mit direkter Sonneneinstrahlung). Bei Bedenken wird empfohlen, der Zielgruppe die Möglichkeit zu geben, die Nutzungsinformation erneut auszudrucken.

10 Berufliche Kompetenzen

Erstmalig verlangt die Norm zur Erstellung von Informationsprodukten, dass die Personen, denen die Erstellung von Nutzungsinformationen übertragen wurde, fachlich kompetent sein müssen. Dies bedeutet, dass sie über einschlägige berufliche Kompetenzen verfügen müssen.

Konkretisiert wird diese Anforderung durch Vorschläge zu erforderlichen beruflichen Kompetenzen.

Liste der Anforderungen der Norm bezüglich der Kompetenzen der Ersteller von Nutzungsinformationen

Unterabschnitt	Zu prüfende Anforderung	Notizen
10.1 Allgemeines	– Nutzungsinformationen werden von kompetenten Personen erstellt	
10.2 Kompetenzen	– Auf Nutzungsinformationen bezogene Aufgaben sind kompetenten Personen zugewiesen, um die Verständlichkeit der Nutzungsinformationen und den sichereren Gebrauch des Produkts zu maximieren	
10.3 Leistungsniveaus	Abschnitt enthält keine Anforderungen, nur Empfehlungen	
10.4 Übersetzer	– Es werden kompetente Übersetzer oder Sprachspezialisten einbezogen, wenn die Nutzungsinformation von der Originalsprache in eine Zielsprache übersetzt wird	

10.1 Allgemeines

Den Experten der JWG 16 war es wichtig klarzustellen, dass die Erstellung von Nutzungsinformationen in die Hände kompetenter Personen gehört. Dies wurde daher bewusst als Anforderung formuliert.

Im Idealfall sollte ein Unternehmen die für den Prozess zur Erstellung der Nutzungsinformationen erforderlichen Aufgaben und Kompetenzen evaluieren und die Aufgaben und die Verantwortung hierfür kompetenten Personen zuweisen.

Dabei war den Experten der JWG 16 klar, dass die Erfüllung der Anforderung natürlich auch von der Größe des Unternehmens abhängig ist und in einem kleinen Unternehmen die Verantwortung gegebenenfalls auch in den Händen einer Person ruhen kann, während in größeren Unternehmen ganze Teams oder eigene Abteilungen für die Erstellung der Nutzungsinformationen verantwortlich sein können.

Die Norm unterscheidet zwischen aufgabenbezogenen Kompetenzen und Leistungsniveaus.

10.2 Aufgabenbezogene Kompetenzen

Die Norm betont, dass es für die Verständlichkeit der Nutzungsinformation und für die sichere Verwendung der unterstützten Produkte wichtig ist, dass die Rollen innerhalb des Prozesses kompetenten Personen zugeordnet werden.

Die Norm geht auf insgesamt dreizehn aufgabenbezogene Kompetenzen ein. Dabei ist zu betonen, dass nicht jeder alle Kompetenzen erfüllen muss, aber die, die für seine Aufgaben notwendig sind. Die aufgabenbezogenen Kompetenzen der Norm orientieren sich am tekom-Kompetenzrahmen, der eine Unterteilung in sieben Kompetenzbereiche vornimmt.

tekom-Kompetenzrahmen mit sieben Kompetenzbereichen	Aufgabenbezogene Kompetenzen nach IEC/IEEE 82079-1 mit Verweis auf den entsprechenden Buchstaben
1. Umfeldanalyse	**a)** Analyse – des Produktlebenszyklus – der Zielgruppe – der erforderlichen Informationen – der erforderlichen Sprachen
2. Planung	**b)** Entwicklung von Standardprozessen zur Erstellung von Nutzungsinformationen **d)** Implementierung erforderlicher Unterstützungssysteme, z. B. für Content Management und Informationsmanagement **m)** Übernahme von Führungsrollen, Erstellung von Projektplänen, Verwaltung von Dienstleistern, Kommunikation mit Entwicklern und Lieferanten, aber auch mit kundenorientierten Mitarbeitern innerhalb des Unternehmens
3. Konzeptentwicklung	**c)** Entwicklung von Inhalts- und Medienkonzepten und Festlegung geeigneter Vorlagen für Inhaltsstrukturen und Stil **h)** Verwendung geeigneter Methoden und Werkzeuge zur effizienteren und effektiveren Gestaltung des Informationsmanagementprozesses
4. Inhaltserstellung	**e)** Beschaffung der erforderlichen sicherheitsbezogenen Informationen aus Entwicklung und Konstruktion Hier ist vor allem die Fähigkeit gefordert, Risikobeurteilungen zu lesen und zu interpretieren sowie die für die Nutzungsinformation relevanten Informationen zu extrahieren und dort an den richtigen Stellen zu verwenden. **f)** Entwicklung schriftlicher und audiovisueller Inhalte, einschließlich der sicherheitsbezogenen Informationen **g)** Prüfung und Korrektur der Nutzungsinformationen **i)** Veranlassung der Lokalisierung und Übersetzung der Nutzungsinformationen **j)** Prüfung und Freigabe der Nutzungsinformationen nach formalen und funktionalen Qualitäts- und Usability-Standards und -Kriterien
5. Medienproduktion	**k)** Erstellung der Ausgabemedien (die zuvor unter Maßgabe der Erwartungen und Bedürfnisse der Zielgruppe und der Usecases ermittelt worden sind) und softwarebasierten Anleitungen
6. Publikation und Distribution	**k)** Bereitstellung der Nutzungsinformationen über die erstellten Ausgabemedien

tekom-Kompetenzrahmen mit sieben Kompetenzbereichen	Aufgabenbezogene Kompetenzen nach IEC/IEEE 82079-1 mit Verweis auf den entsprechenden Buchstaben
7. Beobachtung des Informationsprodukts	l) Nutzungsinformationen daraufhin zu analysieren, auf welche Weise die Zielgruppe von ihnen profitiert. Geeignete Methoden und Werkzeuge hierfür sind Webseitenstatistiken, empirische Tests und Rückmeldungen über soziale Medien Aufgrund dieser Analysen kann der Ersteller die Nutzungsinformation weiterentwickeln und ständig optimieren.

Mehr Informationen zum tekom-Kompetenzrahmen erhalten Sie durch das Einlesen des QR-Codes mit Ihrem Smartphone oder unter: http://kompetenzen-technische-dokumentation.tekom.de/ueberblick/ueber-den-kompetenzrahmen.html.

Der tekom-Kompetenzrahmen hilft Managern und Personalabteilungen unter anderem bei der Ausarbeitung von Jobprofilen und Rollen sowie beim gezielten Kompetenzaufbau bei Mitarbeitern. Mithilfe des an den Kompetenzrahmen angeschlossenen Profiling-Tools können ganz einfach persönliche Kompetenzprofile erstellt werden.

Diese Kompetenzen werden unter anderem an Hochschulen, Weiterbildungseinrichtungen und in vielen Veröffentlichungen und Veranstaltungen der tekom (www.tekom.de) vermittelt.

10.3 Leistungsniveaus

Die Norm schlägt drei Leistungsniveaus vor (siehe Abbildung 20):

Hierbei ist das Leistungsniveau 1 die Grundstufe, die ein breites Spektrum an theoretischem und sachlichem Wissen im Arbeitsbereich voraussetzt. Dazu gehört eine Reihe von kognitiven und praktischen Fähigkeiten, um Lösungen für spezifische Probleme zu finden, und die Fähigkeit, Verantwortung für die Ausführung von Arbeiten zu übernehmen. Darüber hinaus sollte das eigene Verhaltens an die jeweiligen Umstände bei der Problemlösung angepasst werden können. Das Leistungsniveau 1 könnte auch als Einstiegsniveau bezeichnet werden.

Das Leistungsniveau 2 erfordert neben den oben genannten Fähigkeiten vor allem die Fähigkeit, die Anforderungen an die Informationsprodukte unter Berücksichtigung des Zwecks und des Bereichs, für den sie gelten, festzulegen. Dies könnte auch als fortgeschrittenes Niveau bezeichnet werden.

Das Leistungsniveau 3 erfordert darüber hinaus die Fähigkeit, den Prozess der Informationserstellung zu steuern, Inhaltsstrategien zu entwickeln, die Verantwortung für die Einhaltung der geltenden Normen und Richtlinien zu übernehmen und Informationsentwicklungsteams zu leiten. Dies könnte auch als Managementrolle bezeichnet werden.

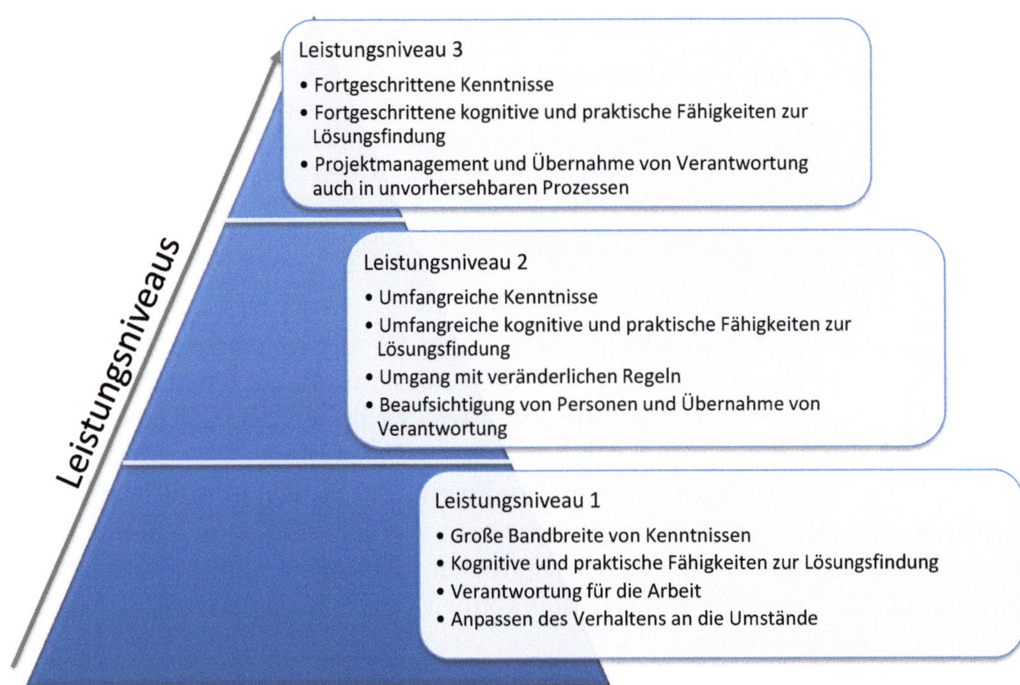

Abbildung 20: Leistungsniveaus der Ersteller von Nutzungsinformationen

10.4 Kompetenzen der Übersetzer

Die Norm fordert, dass kompetente Übersetzer oder Sprachspezialisten für die Übersetzung, die Überprüfung und das Korrekturlesen der Nutzungsinformation verantwortlich sein sollen.

Die Norm empfiehlt zudem, dass die Übersetzer über Leistungsniveau 1 (siehe KAPITEL 10.3) verfügen. Sie sollten sowohl die Ausgangs- als auch die Zielsprache fließend beherrschen. In der Zielsprache sollten sie Muttersprachler sein und mit der Art des Produkts und der produktspezifischen Terminologie vertraut sein.

11 Das Verhältnis von IEC/IEEE 82079-1 zu produkt- und branchenspezifischen Normen

Als Horizontalnorm umfasst die IEC/IEEE 82079-1 alle Arten von Produkten. Unabhängig davon, ob es sich um ein Industrieprodukt (verfahrenstechnische Anlage, Industrieroboter usw.) oder um ein Produkt zur Verwendung durch Verbraucher (Toaster, Laien-Defibrillator usw.) oder einen Service handelt (siehe KAPITEL 2).

Grundlegende und sehr umfassende Vorgaben zu den Prinzipien von Informationsqualität liefert die Norm, ohne jedoch auf produktspezifische Eigenheiten einzugehen. Hier bilden sich nun Schnittstellen zu weiteren – parallel zur IEC/IEEE 82079-1 anzuwendenden – Normen, wie z. B. EN ISO 20607 für Maschinen, ISO/IEC 26514 für Softwareprodukte, ISO 20417 für Medizinprodukte und einige weitere (siehe Abbildung 21).

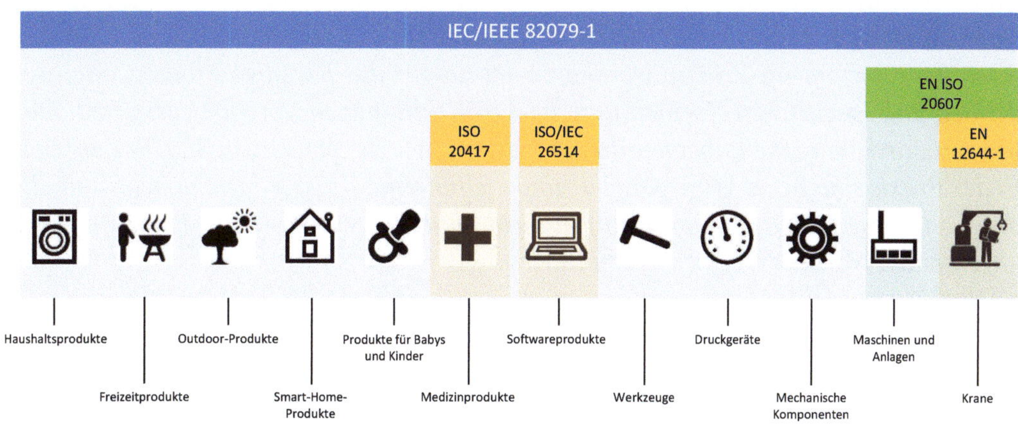

Abbildung 21: Schnittstellen IEC/IEEE 82079-1 zu weiteren Normen (Auszug)

Grundsätzlich sollten Produktnormungsgremien die Grundsätze und allgemeinen Anforderungen von solchen Horizontalnormen berücksichtigen und in ihren produktspezifischen Normen hierauf normativ verweisen (normativer Verweis, siehe KAPITEL 2.5).

In den produktspezifischen Normen sollten demnach nur noch Inhalte genormt werden, die als Besonderheit für die jeweilige Produktgruppe oder das spezifische Produkt zu den Anforderungen der Horizontalnorm hinzukommen oder hiervon begründet abweichen.

Dieser Grundsatz wird in der Realität aber leider nur selten eingehalten oder in vollem Umfang beachtet. Dies liegt vor allem daran, dass es sehr viele Horizontalnormen gibt und in den Produktnormungsgremien nicht alle Horizontalnormen bekannt sind.

Wird daher in einer produktspezifischen Norm im Hinblick auf Nutzungsinformationen nur informativ oder gar nicht auf die IEC/IEEE 82079-1 verwiesen, so ist davon auszugehen, dass diese bei der Erstellung der produktspezifischen Norm nicht hinreichend berücksichtigt worden ist.

In solchen Fällen muss daher auf mögliche Überschneidungen und auch auf mögliche Widersprüche geachtet werden, um die produktspezifischen normativen Anforderungen erfüllen zu können. Erst durch einen Vergleich der Anforderungen lässt sich feststellen, wo es zu normativen Überschneidungen kommt und wo widersprüchliche Anforderungen aufgelöst werden müssen.

Grundsätzlich kann hier nach dem Top-down- oder nach dem Bottom-up-Prinzip vorgegangen werden.

Hinweis:
Beim Top-down-Prinzip wird vom Abstrakten, Allgemeinen, Übergeordneten schrittweise auf das Konkrete, Spezielle, Untergeordnete geschlossen.
Umgekehrt schreitet das Bottom-up-Prinzip vom Konkreten, Speziellen, Untergeordneten schrittweise zum Abstrakten, Allgemeinen, Übergeordneten voran.
Die Prinzipien Top-down und Bottom-up finden beispielsweise bei der Bearbeitung von Gefährdungs- und Risikoanalysen, bei FMEA-Analysen oder in der Konstruktion Anwendung.
Nach dem Top-down-Prinzip werden zuerst die zutreffenden Anforderungen der übergeordneten Normendokumente (hier die IEC/IEEE 82079-1) ermittelt und diese stufenweise mit den präziseren Anforderungen der produkt- und branchenspezifischen Normen ergänzt.
Nach dem Bottom-up-Prinzip werden zuerst die für das jeweilige Produkt anzuwendenden und spezifischen Normen und die darin enthaltenen Vorgaben ermittelt. Diese werden durch Vorgaben übergeordneter Normen wie der IEC/IEEE 82079-1 ergänzt.
In der Praxis sind beide Wege gangbar und zielführend. Es ist jedoch zu beachten, dass die produktspezifischen Anforderungen nicht ohne Weiteres durch Anforderungen der allgemeinen Normen ersetzt werden dürfen.

Im Vergleich der Normen wird ermittelt, wo einzelne Dokumente detailliertere Anforderungen liefern. In der Umsetzung kann anhand dieser Vorarbeit einfach sichergestellt werden, dass alle Anforderungen an die zu erstellenden Informationsprodukte beachtet worden sind. Im weiteren Verlauf dieses Kapitels wird beispielsweise ein Vergleich von IEC/IEEE 82079-1 mit EN ISO 20607 „Betriebsanleitungen für Maschinen“ dargestellt.

11.1 Produkt- und branchenspezifische Anforderungen vor allgemeinen Anforderungen

Die IEC/IEEE 82079-1 als Horizontalnorm enthält umfassende Vorgaben beispielsweise zum Inhalt von Nutzungsinformationen (siehe KAPITEL 7), Anforderungen an den Informationserstellungsprozess (siehe KAPITEL 6), Vorgaben zu grundlegenden Prinzipien für das Abfassen von Nutzungsinformationen (siehe KAPITEL 5) sowie Anforderungen an sicherheitsbezogene Inhalte (siehe KAPITEL 7.11).

Durch Erfüllung der Anforderungen dieser Norm können Nutzungsinformationen allgemein auf hohem Niveau erstellt, eine angemessene Qualität sichergestellt und Prozesse bei der Erstellung nachhaltig gestaltet werden.

Produkt- und branchenspezifische Normen liefern hierfür meist nur wenige allgemein geltende Anforderungen. Die Inhalte dieser Detailnormen beschränken sich auf die unmittelbare Anwendbarkeit zu einem Produkt oder einer Produktgruppe.

Verbindungen zu allgemein gültigen Horizontalnormen werden durch normative oder informative Verweise hergestellt (siehe KAPITEL 2.3). Diese Verweise liefern bei der Anwendung eine wertvolle Hilfestellung, da hier die Schnittstellen herausgearbeitet werden können.

In vielen Fällen liefern produkt- und branchenspezifische Normen nicht genügend Informationen für einen umfassenden Informationsentwicklungsprozess. Ist dies der Fall, sollte die IEC/IEEE 82079-1 als Horizontalnorm in Betracht gezogen werden. Abbildung 22 stellt das Vorgehen bei der Ermittlung von Anforderungen und der Anwendung von Normen schematisch dar.

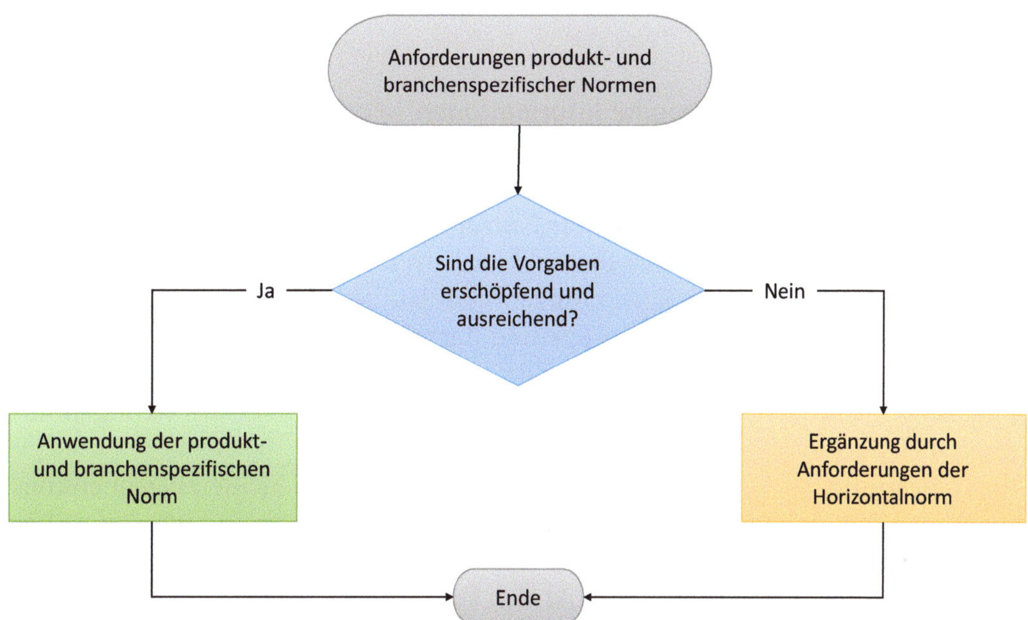

Abbildung 22: Vorgehen bei der Ermittlung von Anforderungen und der Anwendung von Normen

Beispiele:

- EN ISO 20607 liefert rudimentäre Vorgaben zur Erstellung von Nutzungsinformationen und beschränkt sich auf sicherheitsbezogene Inhalte für Betriebsanleitungen von Maschinen. Hier sollte die Horizontalnorm ergänzend angewandt werden, um umfassendere Vorgaben zum Informationserstellungsprozess und zu den Prinzipien von Informationsqualität zu erhalten.
- ISO 20417 hingegen liefert weitaus detailliertere Anforderungen an Nutzungsinformationen für Medizinprodukte. Hier dient die Horizontalnorm als sinnvolle Erweiterung einschlägiger Anforderungen an Medizinprodukte.

Sind produkt- oder branchenspezifische Normen zu nationalen oder internationalen Rechtsdokumenten (Richtlinien, Verordnungen) harmonisiert, ist es in der Anwendung wichtig, dass zuerst diese Vorgaben erfüllt werden. Ist das für eine sorgfältige Gestaltung von Nutzungsinformationen nicht ausreichend, sollten z. B. die Vorgaben der Horizontalnorm IEC/IEEE 82079-1 ergänzend umgesetzt werden.

11.2 Exemplarische Darstellung der Schnittstellen von EN ISO 20607 zu IEC/IEEE 82079-1

Die EN ISO 20607 ist eine Norm für die Abfassung von Benutzerinformationen für Maschinen und demnach eine produktspezifische Norm. Bereits im Anwendungsbereich der Norm wird dargestellt, dass allgemeine Prinzipien zur Konzeptionierung und Gestaltung von Nutzungsinformationen der IEC/IEEE 82079-1 zu entnehmen sind.

Dies stellt einen ersten Anhaltspunkt in der Arbeit mit der Norm dar und zeigt deutlich, dass grundsätzlich beide Normen beachtet werden sollen (Vorgehen gemäß Abbildung 22). Allgemeine Anforderungen sind demnach in der IEC/IEEE 82079-1 geregelt, und die EN ISO 20607 liefert lediglich Basisvorgaben zu sicherheitsbezogenen Inhalten.

11.2.1 Prinzipien und allgemeine Informationen

Die Norm EN ISO 20607 gibt vor, dass Betriebsanleitungen für Maschinen mit allen Informationen ausgestattet sind, die die Nutzer in die Lage versetzen, sie sicher und effizient während des gesamten Lebenszyklus betreiben zu können. Die Norm legt hier Wert auf den einfachen Kommunikationsablauf *Sehen – Denken – Anwenden*, unter Berücksichtigung der Zielgruppe und der vernünftigerweise vorhersehbaren Fehlanwendung (siehe KAPITEL 7.8.1). Die Norm verlangt, dass Informationen so gestaltet werden, dass diese nach einer kurzen Nachdenkphase zum richtigen und sicheren Handeln anregen.

Als Zielgruppen kennt die Norm EN ISO 20607 nur einen kleinen Personenkreis. Detailliertere Vorgaben zu den Zielgruppen für Informationsprodukte liefert hier eindeutig die IEC/IEEE 82079-1 (in Unterabschnitt 6.2.2) sowie die ISO/IEC 26514.

Die Norm EN ISO 20607 beschränkt sich auf ein Minimum an Grundprinzipien für das Verfassen von Inhalten. Hier sollte mit der IEC/IEEE 82079-1 und den dort beschriebenen Prinzipien gearbeitet werden (siehe KAPITEL 5).

Etwas detaillierter beschreibt die Norm EN ISO 20607, wie Betriebsanleitungen publiziert werden können. Hiernach können Nutzungsinformationen

- als Gesamtdokument oder
- als Set aus mehreren Einzeldokumenten

erstellt werden.

Eine Aufteilung in mehrere Einzeldokumente bietet sich an, wenn

- verschiedene Inhalte für unterschiedliche Zielgruppen bestimmt sind oder
- ein Gesamtdokument zu komplex und unübersichtlich wäre oder
- einzelne Dokumente für unterschiedliche Lebensphasen erstellt werden oder
- je nach Anforderung der Nutzer verschiedene Medien bedient werden.

Somit können die Bedienungsanleitung für eine Benutzerschnittstelle (User Interface) oder die Anleitung für das korrekte Einstellen spezieller Schaltteile als eigenständiges Dokument, jedoch gleichzeitig auch als Bestandteil der gesamten Betriebsanleitung erstellt werden.

11.2.2 Inhalt und Struktur von Betriebsanleitungen

Die Norm EN ISO 20607 liefert eine vorgefertigte Struktur mit vorgegebenem Inhalt (siehe *Abschnitt 5*), stellt dies aber als Kann- und nicht als Muss-Bestimmung dar. Die Norm EN ISO 20607 fordert ebenso wie IEC/IEEE 82079-1, dass die Inhalte an die Zielgruppe der Nutzungsinformationen und an die Verwendungsumgebung der Maschine angepasst werden.

Die Horizontalnorm IEC/IEEE 82079-1 liefert keinen fertigen Gliederungsvorschlag, sondern Regeln zur Strukturierung der Inhalte (siehe KAPITEL 8).

Tabelle 10 bietet einen Vergleich von Inhalt und Struktur von IEC/IEEE 82079-1 und EN ISO 20607.

Tabelle 10: Vergleich Inhalt und Struktur IEC/IEEE 82079-1 und EN ISO 20607

IEC/IEEE 82079-1 **Kein fertiger Vorschlag, sondern Regeln**	**EN ISO 20607** **Gliederungsvorschlag für eine Betriebsanleitung**	
Regeln	**Kapitel**	**Inhalt**
Siehe KAPITEL 7 und KAPITEL 8. Die Struktur eines Informationsprodukts muss an verschiedene Kriterien wie äußere Einflussbedingungen (Umgebung, Beleuchtung, Anwendungssituationen usw.), Zielgruppe, Kognition, Lebensphasen und Publikationsmedium anpasst werden. Beispiel: Für digital bereitgestellte Informationsprodukte ist die Struktur nachrangig, jedoch die Auffindbarkeit von Informationen über Suchfunktionen wichtig. Strukturen sind für alle Ebenen wichtig: – Informationslandschaft – Informationsprodukte – Informationstypen (beschreibend, anleitend, referenziell) Für die Strukturierung benötigt es kompetente Technische Redakteure (siehe KAPITEL 10).	Basisbestandteile der Betriebsanleitung	Titelseite Inhaltsverzeichnis Einleitung und Erklärungen zur Anleitung
	Sicherheit	Allgemeine Sicherheitsinformationen und allgemeine Sicherheitsanweisungen
	Maschinenübersicht	Beschreibung der Maschine Bestimmungsgemäße Verwendung Grundlegende Spezifikationen Beschreibung der Bedienelemente und Anzeigen Layout und Aufstellungsplan
	Transport, Handhabung und Lagerung	Transport, Handhabung und Lagerung der Maschine und/oder deren Komponenten
	Montage, Installation und Inbetriebnahme	Montage und Integration der Maschine Positionierung der Maschine Mechanische, pneumatische, hydraulische und elektrische Installation Prüfen und Testen von Sicherheitssystemen Montageprüfung Inbetriebnahme

IEC/IEEE 82079-1 Kein fertiger Vorschlag, sondern Regeln	EN ISO 20607 Gliederungsvorschlag für eine Betriebsanleitung	
Regeln	**Kapitel**	**Inhalt**
	Herstellereinstellungen von Originalzubehör	Mechanische Einstellungen und Synchronisation Sicherheitsbezogene Einstellungen und Parameter Einstellungen für Pneumatik, Hydraulik, Elektrik und Vakuumkomponenten Weitere Einstellungen
	Betrieb	Betriebsmodi Inbetriebnahme (Start) und Außerbetriebnahme (Stopp) der Maschine Reihenfolge oder Abfolge von Vorgängen Weitere Betriebsanweisungen (wenn erforderlich)
	Produkt- oder Kapazitätswechsel	Allgemeine Informationen zu Produkt- oder Kapazitätswechsel Produktspezifische Installationsinformationen
	Prüfen, Testen und Wartung	Wartungsanleitungen
	Reinigen und Desinfizieren	Reinigung und/oder Desinfektion der Maschine
	Fehlersuche/Störungsbeseitigung und Reparatur	Allgemeine Informationen zu Fehlersuche/-behebung und Reparatur Fehlerbehebungsdiagramm (elektrische Ausrüstung) Fehlerbehebung an elektrischen Sensoren, Vakuumsystemen, Pneumatiksystemen, und Hydrauliksystemen
	Demontage, Außerbetriebnahme und Verschrottung	Anleitungen zur Demontage, Außerbetriebnahme und Verschrottung
	Dokumente und Zeichnungen	Weitere Dokumente, Zeichnungen und Ersatzteilliste
	Stichwortverzeichnis, Glossar, Anhänge	

11.2.3 IT-Sicherheit in Betriebsanleitungen

Die Norm EN ISO 20607 verlangt, dass für die Nutzungsinformationen relevante Informationen zu IT-Sicherheitssystemen in Verbindung mit dem Produkt beschrieben werden. Dabei muss auf alle produktinternen Sicherheitseinrichtungen und auf IT-Schnittstellen Wert gelegt werden. Die zu liefernden Informationen sollen der Gewährleistung und Aufrechterhaltung der Sicherheit des Produkts dienen und vor Einflüssen, wie z. B. Hackerangriffen, schützen. Dabei müssen alle Bedingungen beschrieben werden, die Benutzer in die Lage versetzen, die Sicherheit in und ausgehend von IT-Systemen zu beherrschen.

Informationsprodukte müssen so gestaltet werden, dass, aufbauend auf der zuvor durchgeführten Risikobeurteilung, IT-Schwachstellen erkannt werden, die für den Betreiber/Verwender von Bedeutung sind.

EN ISO 20607 verweist bei diesem Thema auf die Technische Regel ISO/TR 22100-4. Darin werden Anforderungen aus ISO 12100 zum Thema IT-Sicherheit präzisiert. Die dargestellten Anforderungen betreffen die Erstellung von Nutzungsinformationen und haben somit auch einen wesentlichen Einfluss auf den Erstellungsprozess.

Bei der Zusammenstellung von Nutzungsinformationen nach EN ISO 20607 sollten demnach die folgenden Inhalte zur IT-Sicherheit Anwendung finden:

- Informationen zu Benutzerrechten und deren Beschränkungen (Rollenzuteilung)
- Anleitungen und Informationen zum Erstellen individueller Benutzerkonten und der Verwaltung dieser Konten
- Vorgaben zu Maßnahmen der Risikominderung, wie z. B. Passwort-Aktualisierung, Aktualisierung von Firewalls und Antiviren-Software usw.
- Nutzungsinformationen von Authentifizierungs- und Zugriffskontrollmechanismen, wie z. B. Kartenlesesysteme, konventionelle, elektronische oder digitale Schlösser usw.
- Vorgaben zum Einspielen von Updates
- Maßnahmen zur Gewährleistung der IT-Sicherheit auf Maschinen, z. B. bei Zugriffen zur Fernwartung usw.
- Informationen zur regelmäßigen Systemüberprüfung und zur Erkennung fehlerhafter Systemkomponenten oder nicht erreichbarer Systemdienste

Diese Anforderungen decken sich weitgehend mit den Anforderungen aus IEC/IEEE 82079-1 (siehe KAPITEL 7.14).

In der Anwendung beider Normen ist es speziell zur Erfüllung der Anforderungen essenziell, Aspekte zur Sicherheit aus der Risikobeurteilung in die Nutzungsinformationen einfließen zu lassen.

11.2.4 Publikationsformen im Einklang der Normen

Einen Gleichschritt zwischen EN ISO 20607 und IEC/IEEE 82079-1 gibt es betreffend der Bereitstellung von Informationsprodukten über verschiedene Medien und Kanäle (siehe KAPITEL 9).

EN ISO 20607 für Maschinen ermöglicht entsprechend den geltenden gesetzlichen Anforderungen die Publikation der Betriebsanleitung über verschiedene Medien und Kanäle:

- Ausgabe der Betriebsanleitung in gedruckter Form
- Bereitstellung auf einem elektronischen Speichermedium, das mit der Maschine verfügbar ist
- Bereitstellung durch Zugriff auf externe Server, Webseiten oder sonstigen Speichermöglichkeiten (z. B. Cloud-Speicher usw.)
- Bereitstellung auf internen Servern oder Speichermedien
- Bereitstellung als Audio- oder Videoanleitung auf Steuerterminals, auf Webseiten, als Tonaufzeichnung oder im Internet abrufbar

Sind spezielle Vorgaben aus öffentlich-rechtlichen Regelwerken (Gesetze, Verordnungen) vorhanden, müssen diese befolgt werden. Fehlen gesetzliche Vorgaben, soll mit dem Verwender (Kunden) vertraglich die Publikationsform vereinbart werden.

Hinweis:
Dieselbe Vorgabe liefert EN ISO 20607 auch bezüglich der Sprachfassung von Betriebsanleitungen. Gibt es gesetzliche Vorgaben, sind diese zu erfüllen. Nur wenn es keine einschlägigen Vorschriften gibt, soll die Sprachfassung mit dem Verwender (Kunden) vereinbart werden.

Bei der Wahl der Publikationsform müssen die bestimmungsgemäße Nutzung, die Zielgruppe und die Verwendungsumgebung beachtet werden. Kann die Bereitstellung in digitaler Form nicht garantiert werden, muss eine gedruckte Ausgabe griffbereit vorliegen (siehe KAPITEL 9.2 und KAPITEL 9.4).

11.3 EN ISO 20607 und IEC/IEEE 82079-1 im direkten Vergleich

Durch den eingeschränkten Anwendungsbereich für Maschinen liefert IEC/IEEE 82079-1 detailliertere Vorgaben und Ansätze für die Erstellung von Nutzungsinformationen.

Der Überlappungsbereich der beiden Normen betrifft vorrangig formale und teilweise inhaltliche Anforderungen. Im Vergleich zeigt sich deutlich, wo sich in der Anwendung gegenseitige Ergänzungen, aber auch übereinstimmende Vorgaben finden (siehe Tabelle 11).

Tabelle 11: Anforderungen der EN ISO 20607 und der IEC/IEEE 82079-1 im direkten Vergleich

Thema	EN ISO 20607	IEC/IEEE 82079-1	Im Vergleich
Identifikation des Informationsprodukts	Ausgabedatum und Versionskennzeichnung, Identifikationsnummer, Seriennummer(n) und Verwendungsdauer	Identifikationsnummer und Ausgabedatum des Informationsprodukts	Übereinstimmend

Thema	EN ISO 20607	IEC/IEEE 82079-1	Im Vergleich
Identifikation des Produkts	Maschinenbezeichnung (Modell und/oder Typ)	Bezeichnung, Informationen zur Konfiguration	Übereinstimmend; IEC/IEEE 82079-1 liefert detailliertere Vorgaben
Identifizierung des Inverkehrbringers	Name und Kontaktinformationen des Herstellers (Anschrift, Telefonnummern, E-Mail-Adresse, Webseite)	Name, Adresse, Telefonnummern, E-Mail-Adressen, Hyperlinks	Übereinstimmend
Identifizierung des Inverkehrbringers	–	Kontaktdaten bestimmter Zulieferer und Kundendienst	Übereinstimmend; IEC/IEEE 82079-1 liefert detailliertere Vorgaben
Form/Medium	Große Bandbreite (Papier und elektronische/ digitale Medien)	Große Bandbreite (Papier und elektronische/ digitale Medien)	Vereinbar; jedoch umfangreicher in IEC/ IEEE 82079-1
Struktur (Gliederung einer Anleitung)	Beispiel für den Inhalt mit „Abschnitten", konkreter Gliederungsvorschlag	Regeln und Kriterien zur Struktur; Auflistung der Inhalte, kein Gliederungsvorschlag	Unterschiedliche Ansätze, die sich gut ergänzen lassen
Sicherheits- und Warnhinweise	Spärliche Vorgaben, jedoch Vorgabe zum Aufbau von Warnhinweisen	Durchgängiges Konzept in Übereinstimmung mit ANSI Z535	Vereinbar; IEC/IEEE 82079-1 liefert detailliertere Vorgaben
Störungen	Vorgabe der Struktur einer Störungstabelle	Grundlegende Vorgaben	Ergänzend; EN ISO 20607 liefert ein Muster für den Inhalt
Text	Regeln für die Formulierung, z. B. Imperativ für Anleitungen (Schritte), Vermeidung negativer Wörter, kurze Sätze, verständliche Wörter usw.	Einfache Formulierung, konsistente Terminologie, eindeutige Funktion von Informationsabschnitten	Ergänzend
Schriftgröße	Tabelle aus IEC/IEEE 82079-1 übernommen	Tabelle mit genauen Empfehlungen	Übereinstimmend
Informationssicherheit	Verweis auf ISO/TR 22100-4	Entsprechende Anleitung und Berücksichtigung üblicher Methoden gefordert	Ergänzend, wenn ISO/TR 22100-4 angewandt

11.4 Arbeit mit mehreren Normen

Bei der Arbeit mit mehreren Normen müssen unbedingt Überschneidungen und Ergänzungen beachtet werden (siehe KAPITEL 2).

Bei der Erarbeitung der Nutzungsinformation sollten zunächst die produktspezifischen Anforderungen beachtet werden. Sind diese für den jeweiligen Anwendungsfall nicht ausreichend, dienen weitere Anforderungen z. B. aus Horizontalnormen dazu, normative Lücken der spezifischen Normen zu schließen (siehe auch KAPITEL 11.1 und Abbildung 22).

Um eine strukturierte Übersicht zu bekommen, sollten die Anforderungen in folgende drei Bereiche aufgeteilt werden:

1. Anforderungen an die Gestaltung und Erstellung der Nutzungsinformationen
2. Anforderungen an den Inhalt der Nutzungsinformationen
3. Ergänzende Anforderungen zum Erstellungsprozess

Diese Aufteilung soll eine übersichtliche Hilfestellung bilden, um eine Vielzahl an Überschneidungen geordnet abarbeiten zu können. Erst durch eine geordnete Bearbeitung der Anforderungen aus mehreren parallel anzuwendenden Normen kann eine möglichst hohe Sicherheit in der Erfüllung gemeinsamer und ergänzender Vorgaben gewährleistet werden.

In der Technischen Redaktion wird trotz vieler produkt- und branchenspezifischer Normen die IEC/IEEE 82079-1 stets die wichtigste Norm darstellen. Auch dann, wenn es durchaus Überschneidungen normativer Anforderungen gibt.

12 Anhang

12.1 Forderungen an den Inhalt von Nutzungsinformationen aus der Maschinenrichtlinie (2006/42/EG)

Hinweis:
Nutzungsinformationen werden in der Maschinenrichtlinie „Betriebsanleitung“ genannt.

Abschnitt MRL	**Anforderung**	**in BA vorhanden**	
		ja (Kap.)	nein/n. a.
Anhang I, Kapitel 1.7.4.: Betriebsanleitung			
a	Firmenname und vollständige Anschrift des Herstellers und seines Bevollmächtigten		
b	Bezeichnung der Maschine entsprechend der Angabe auf der Maschine selbst, ausgenommen die Seriennummer		
c	die EG-Konformitätserklärung oder ein Dokument, das die EG-Konformitätserklärung inhaltlich wiedergibt und Einzelangaben der Maschine enthält		
d	eine allgemeine Beschreibung der Maschine (siehe KAPITEL 7.8.1)		
e	die für Verwendung, Wartung und Instandsetzung der Maschine und zur Überprüfung ihres ordnungsgemäßen Funktionierens erforderlichen Zeichnungen, Schaltpläne, Beschreibungen und Erläuterungen		
f	eine Beschreibung des Arbeitsplatzes bzw. der Arbeitsplätze, die voraussichtlich vom Bedienungspersonal eingenommen werden		
g	eine Beschreibung der bestimmungsgemäßen Verwendung der Maschine		
h	Warnhinweise in Bezug auf Fehlanwendungen der Maschine, zu denen es erfahrungsgemäß kommen kann		
i	Anleitungen zur Montage, zum Aufbau und zum Anschluss der Maschine, einschließlich der Zeichnungen, Schaltpläne und der Befestigungen, sowie Angabe des Maschinengestells oder der Anlage auf das bzw. in die die Maschine montiert werden soll		
j	Installations- und Montagevorschriften zur Verminderung von Lärm und Vibrationen		
k	Hinweise zur Inbetriebnahme und zum Betrieb der Maschine sowie erforderlichenfalls Hinweise zur Ausbildung bzw. Einarbeitung des Bedienungspersonals		
l	Angaben zu Restrisiken, die trotz der Maßnahmen zur Integration der Sicherheit bei der Konstruktion, trotz der Sicherheitsvorkehrungen und trotz der ergänzenden Schutzmaßnahmen noch verbleiben		
m	Anleitung für die vom Benutzer zu treffenden Schutzmaßnahmen, gegebenenfalls einschließlich der bereitzustellenden persönlichen Schutzausrüstung		
n	die wesentlichen Merkmale der Werkzeuge, die an der Maschine angebracht werden können		
o	Bedingungen, unter denen die Maschine die Anforderungen an die Standsicherheit beim Betrieb, beim Transport, bei der Montage, bei der Demontage, wenn sie außer Betrieb ist, bei Prüfungen sowie bei vorhersehbaren Störungen erfüllt		

Abschnitt MRL	Anforderung	in BA vorhanden	
		ja (Kap.)	nein/n. a.
p	Sicherheitshinweise zum Transport, zur Handhabung und zur Lagerung, mit Angabe des Gewichts der Maschine und ihrer verschiedenen Bauteile, falls sie regelmäßig getrennt transportiert werden müssen		
q	bei Unfällen oder Störungen erforderliches Vorgehen; falls es zu einer Blockierung kommen kann, ist in der Betriebsanleitung anzugeben, wie zum gefahrlosen Lösen der Blockierung vorzugehen ist		
r	Beschreibung der vom Benutzer durchzuführenden Einrichtungs- und Wartungsarbeiten sowie der zu treffenden vorbeugenden Wartungsmaßnahmen		
s	Anweisungen zum sicheren Einrichten und Warten, einschließlich der dabei zu treffenden Schutzmaßnahmen		
t	Spezifikationen der zu verwendenden Ersatzteile, wenn diese sich auf die Sicherheit und Gesundheit des Bedienungspersonals auswirken		
u	Angaben zur Luftschallemission der Maschine an den Arbeitsplätzen		
v	Kann die Maschine nichtionisierende Strahlung abgeben, die Personen, insbesondere Träger aktiver oder nicht aktiver implantierbarer medizinischer Geräte, schädigen kann, so sind Angaben über die Strahlung zu machen, der das Bedienungspersonal und gefährdete Personen ausgesetzt sind		

12.2 Grenzen der Maschine

Um die Grenzen der Maschine beschreiben zu können, sollte der Ersteller der Gebrauchsanleitung in der Risikobeurteilung folgende Informationen finden. Diese Aufstellung ist exemplarisch und hat keinen Anspruch auf Vollständigkeit. Je nach Produkt können weitere Informationen hinzukommen.

Verwendungsgrenzen
- Betriebsarten
- Einsatzbereich (innen, außen, Industrie, Privatbereich usw.)
- Ausbildung der Bedienpersonen
- Einweisung von Personen, die die Maschine nicht bedienen (z. B. Besucher)

Räumliche Grenzen
- Platzbedarf
- Schnittstellen

Zeitliche Grenzen
- Lebensdauer
- Wartungsintervalle

Weitere Grenzen
- Eigenschaften des zu verarbeitenden Materials
- Reinigung

12.3 Lebensphasen der Maschine

Beispiele für die Lebensphasen einer Maschine:
- Planung
- Konstruktion
- Montage
- Inbetriebnahme
  - ▹ Betrieb
  - ▹ Normalbetrieb
  - ▹ Einrichten
  - ▹ Instandhaltung/Wartung
  - ▹ Störungsbehebung
- Außerbetriebnahme
  - ▹ kurzfristige (z. B. zur Behebung einer Störung)
  - ▹ langfristige (z. B. zur Durchführung einer geplanten Instandhaltung)
  - ▹ endgültige Außerbetriebnahme
- Entsorgung

12.4 Beispiel für ein Inhaltsverzeichnis

BHB Example

Inhalt

BHB Example

BHB Example

Abbildung 23: Beispiel für ein Inhaltsverzeichnis der Nutzungsinformation eines Industrieofens

12.5 Beispiele zur Signalwortermittlung

12.5.1 Beispiel anhand des Risikographen nach Reudenbach

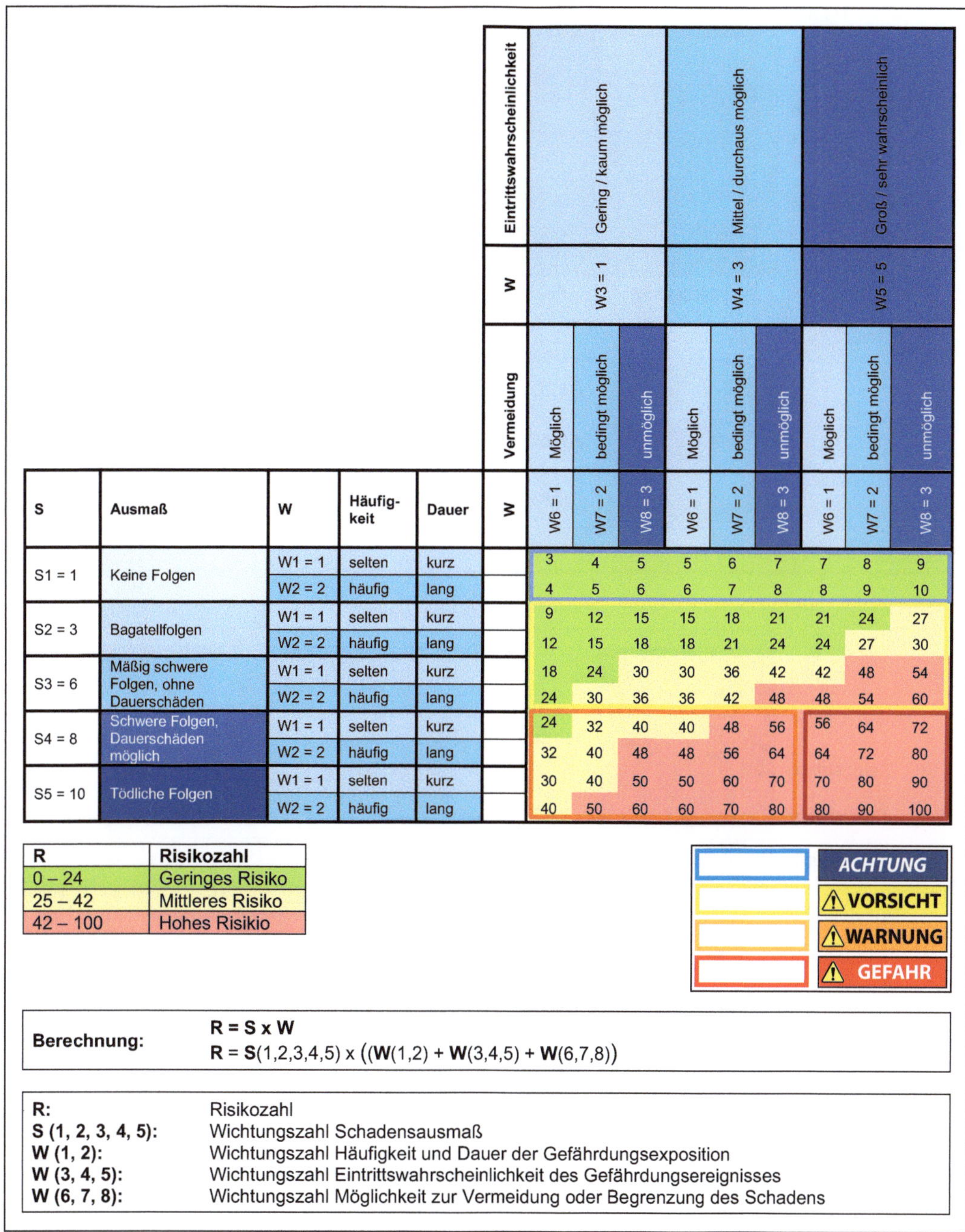

					Eintrittswahrscheinlichkeit	Gering / kaum möglich			Mittel / durchaus möglich			Groß / sehr wahrscheinlich		
					W	W3 = 1			W4 = 3			W5 = 5		
					Vermeidung	Möglich	bedingt möglich	unmöglich	Möglich	bedingt möglich	unmöglich	Möglich	bedingt möglich	unmöglich
S	Ausmaß	W	Häufigkeit	Dauer	W	W6 = 1	W7 = 2	W8 = 3	W6 = 1	W7 = 2	W8 = 3	W6 = 1	W7 = 2	W8 = 3
S1 = 1	Keine Folgen	W1 = 1	selten	kurz		3	4	5	5	6	7	7	8	9
		W2 = 2	häufig	lang		4	5	6	6	7	8	8	9	10
S2 = 3	Bagatellfolgen	W1 = 1	selten	kurz		9	12	15	15	18	21	21	24	27
		W2 = 2	häufig	lang		12	15	18	18	21	24	24	27	30
S3 = 6	Mäßig schwere Folgen, ohne Dauerschäden	W1 = 1	selten	kurz		18	24	30	30	36	42	42	48	54
		W2 = 2	häufig	lang		24	30	36	36	42	48	48	54	60
S4 = 8	Schwere Folgen, Dauerschäden möglich	W1 = 1	selten	kurz		24	32	40	40	48	56	56	64	72
		W2 = 2	häufig	lang		32	40	48	48	56	64	64	72	80
S5 = 10	Tödliche Folgen	W1 = 1	selten	kurz		30	40	50	50	60	70	70	80	90
		W2 = 2	häufig	lang		40	50	60	60	70	80	80	90	100

R	Risikozahl
0 – 24	Geringes Risiko
25 – 42	Mittleres Risiko
42 – 100	Hohes Risikio

Berechnung:	R = S x W R = S(1,2,3,4,5) x ((W(1,2) + W(3,4,5) + W(6,7,8))

R:	Risikozahl
S (1, 2, 3, 4, 5):	Wichtungszahl Schadensausmaß
W (1, 2):	Wichtungszahl Häufigkeit und Dauer der Gefährdungsexposition
W (3, 4, 5):	Wichtungszahl Eintrittswahrscheinlichkeit des Gefährdungsereignisses
W (6, 7, 8):	Wichtungszahl Möglichkeit zur Vermeidung oder Begrenzung des Schadens

Abbildung 24: Beispiel für die Signalwortermittlung anhand des Risikographen nach Reudenbach

12.5.2 Beispiel anhand des Risikographen nach EN 60601

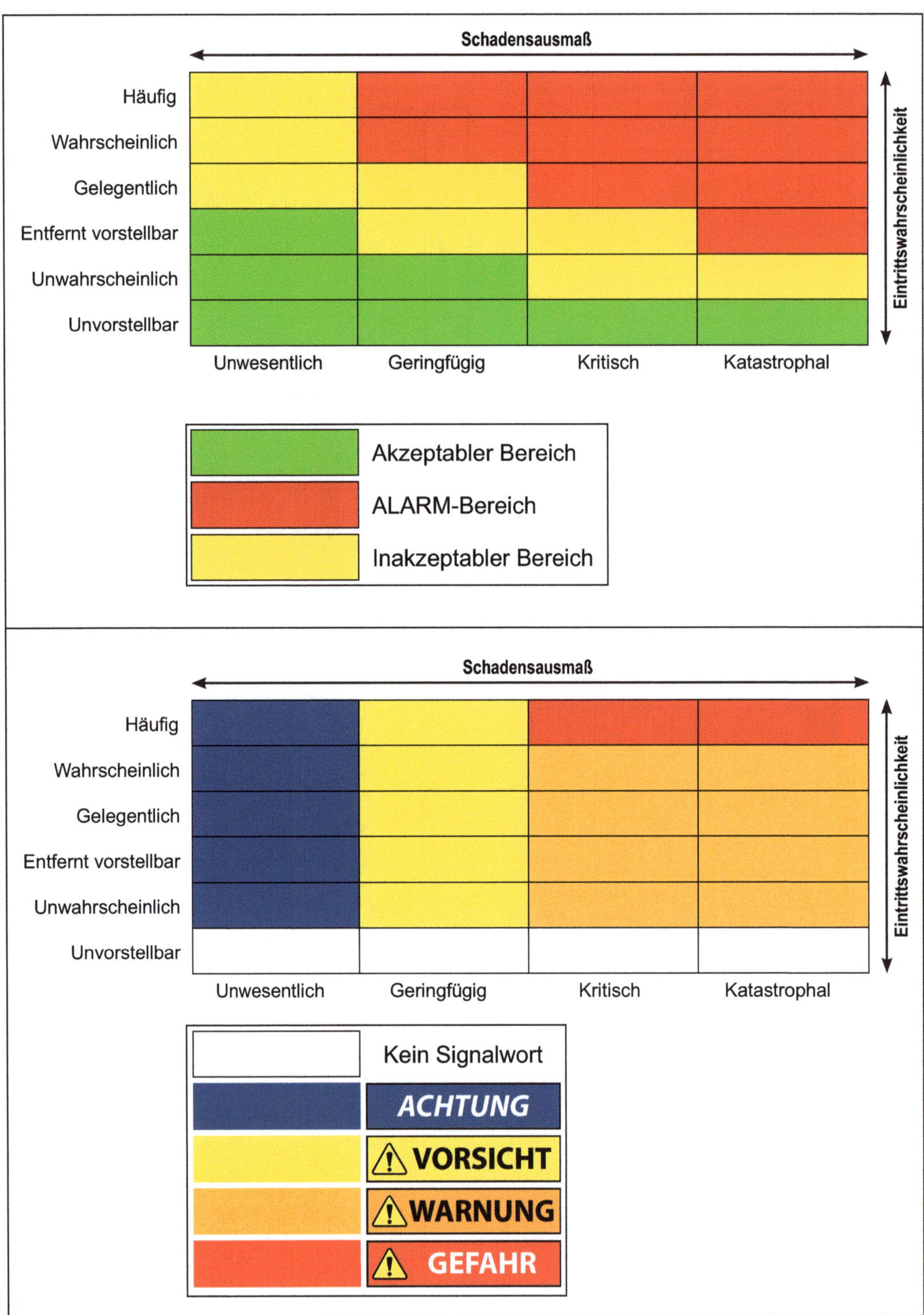

Abbildung 25: Beispiel für die Signalwortermittlung anhand des Risikographen nach EN 60601

13 Literatur

ANSI Z535.4-2011 (R2017) Product Safety Signs and Labels

ANSI Z535.6-2011 (R2017) Product Safety Information in Product Manuals, Instructions and Other Collateral Materials

DIN 820-2:2018-09 Normungsarbeit – Teil 2: Gestaltung von Dokumenten (ISO/IEC-Direktiven) – Teil 2:2016, modifiziert

DIN EN 60601-1:2013-12 Medizinische elektrische Geräte – Teil 1: Allgemeine Festlegungen für die Sicherheit einschließlich der wesentlichen Leistungsmerkmale

DIN EN 61355-1:2009-03 Klassifikation und Kennzeichnung von Dokumenten für Anlagen, Systeme und Ausrüstungen – Teil 1: Regeln und Tabellen zur Klassifikation (IEC 61355-1:2008)

DIN EN 82079-1:2013-06 Erstellen von Gebrauchsanleitungen – Gliederung, Inhalt und Darstellung – Teil 1: Allgemeine Grundsätze und ausführliche Anforderungen (IEC 82079-1:2012)

DIN EN ISO 12100:2011-03 Sicherheit von Maschinen – Allgemeine Gestaltungsleitsätze –Risikobeurteilung und Risikominderung (ISO 12100:2010)

EN 12644-1 Cranes – Information for use and testing – Part 1: Instructions

EN ISO 20607:2019 Safety of machinery – Instruction handbook – General drafting principles

IEC 60073:2002 Basic and safety principles for man-machine interface, marking and identification – Coding principles for indicators and actuator

IEC 60335 Household and similar electrical appliances (Normenreihe)

IEC 60417:2002 Graphical symbols for use on equipment (Datenbank)

IEC 60617:2012 Graphical symbols for diagrams (Datenbank)

IEC 60825-1:2014 Safety of laser products – Part 1: Equipment classification and requirements

IEC 61082-1:2014 Preparation of documents used in electrotechnology – Part 1: Rules

IEC 61506:1997 Industrial-process measurement and control – Documentation of application software

IEC 62023:2011 Structuring of technical information and documentation

IEC 62744:2014 Representation of states of objects by graphical symbols

IEC 81346-1:2009 Industrial systems, installations and equipment and industrial products – Structuring principles and reference designations – Part 1: Basic rules

IEC/IEEE 82079-1 Preparation of information for use (instructions for use) of products – Part 1: Principles and general requirements

ISO 639-2:1998 Codes for the representation of names of languages – Part 2: Alpha-3 code

ISO 704:2009 Terminology work – Principles and methods

ISO 3864-1:2011 Graphical symbols – Safety colours and safety signs – Part 1: Design principles for safety signs and safety markings

ISO 3864-2:2016 Graphical symbols – Safety colours and safety signs – Part 2: Design principles for product safety labels

ISO 5807:1985 Information processing – Documentation symbols and conventions for data, program and system flowcharts, program network charts and system resources charts

ISO 5963:1985 Documentation – Methods for examining documents, determining their subjects, and selecting indexing terms

ISO 7000 Graphical symbols for use on equipment

ISO 7010 Graphical symbols – Safety colours and safety signs – Registered safety signs

ISO 7731:2003 Ergonomics – Danger signals for public and work areas – Auditory danger signals

ISO 9241-300:2008 Ergonomics of human-system interaction – Part 300: Introduction to electronic visual display requirements

ISO 11429:1996 Ergonomics – System of auditory and visual danger and information signals

ISO 14617-1:2005 Graphical symbols for diagrams – Part 1: General information and indexes

ISO 15006:2011 Road vehicles – Ergonomic aspects of transport information and control systems – Specifications for in-vehicle auditory presentation

ISO 15519-1:2010 Specification for diagrams for process industry – Part 1: General rules

ISO/TR 16352:2005 Road vehicles – Ergonomic aspects of in-vehicle presentation for transport information and control systems – Warning systems

ISO 17100 Translation Services – Requirements for translation services

ISO/DIS 20417 Medical devices – Information to be provided by the manufacturer

ISO/TR 22100-4:2018 Safety of machinery – Relationship with ISO 12100 – Part 4: Guidance to machinery manufacturers for consideration of related IT-security (cyber security)

ISO 80000-11:2019 Quantities and units – Part 11: Characteristic numbers

ISO/IEC/IEEE 23026:2015 Systems and software engineering – Engineering and management of websites for systems, software, and services information

ISO/IEC 26514:2008 Systems and software engineering – Requirements for designers and developers of user documentation

ISO/IEC 27002 Information technology – Security techniques – Code of practice for information security controls

ISO/IEC 40500:2012 Information technology – W3C Web Content Accessibility Guidelines (WCAG) 2.0

ISO/IEC Directives Part 2: 2018 Principles and rules for the structure and drafting of ISO and IEC documents

tekom-Richtlinie: Bereitstellung von Nutzungsinformationen in elektronischer Form – eDok, 2. Auflage, tcworld Verlag

VDI 4500 Blatt 6 Technische Dokumentation - Dokumentationsprozess – Publizieren

14 Abbildungs- und Tabellenverzeichnis

15 Autoren

Martin Tillmann

Dipl.-Ing. Martin Tillmann hat von 1985 bis 1990 Maschinenbau mit Schwerpunkt Energie- und Verfahrenstechnik an der Universität Essen studiert.

Nach verschiedenen beruflichen Stationen, unter anderem als wissenschaftlicher Mitarbeiter im Bereich Kraftwerksforschung, technischer Betriebsleiter einer Malzfabrik und Niederlassungsleiter bei einem Dienstleister für Technische Dokumentation, gründete er 2002 das Unternehmen Engineering & Dokumentation Tillmann, das Anfang 2019 in die ED-Technik GmbH ausgegliedert wurde. Dieses Ingenieurbüro unterstützt Hersteller und Betreiber bei der CE-Kennzeichnung ihrer Produkte und bei der Erstellung von Technischen Dokumentationen.

Martin Tillmann ist ausgebildeter Technischer Autor, geprüfter CE-Koordinator sowie DIN EN ISO/IEC 17024 zertifizierter Sachverständiger für CE-Konformitätsbewertung und Technische Dokumentation.

Michael Fritz

Michael Fritz ist promovierter Medienwissenschaftler und Betriebswirt mit Schwerpunkt Marketing. Er arbeitete für verschiedene Verbände, z. B. als Leiter eines Instituts für lebenslanges Lernen.

Seit 1996 ist er Geschäftsführer der Gesellschaft für Technische Kommunikation – tekom Deutschland e.V. und seit 2013 auch Geschäftsführer von Europas größtem Verband für Technische Kommunikation – tekom Europe. Außerdem ist er Geschäftsführer der tcworld GmbH, eines Dienstleistungsunternehmens für die tekom/tekom Europe.

Claudia Klumpp

Dr. jur. Claudia Klumpp ist Juristin und Betriebswirtin (VWA).

Nach einigen Jahren als Rechtsanwältin und Rechtsberaterin arbeitet sie seit 2013 für die tekom und ist zusammen mit dem tekom-Beirat für Recht und Normen und dem Advisory Board for Legislation and Standards für die Normungsarbeit von tekom Deutschland und tekom Europe verantwortlich.

Seit 2016 leitet Claudia Klumpp als Convenorin die internationale Arbeitsgruppe (IEC TC 3/ISO TC 10 JWG 16), die die IEC/IEEE 82079-1 überarbeitet hat. Darüber hinaus leitet sie als Obfrau das nationale Spiegelgremium für die IEC/IEEE 82079-1.

Seit 2016 ist sie außerdem als Dozentin für „Rechtlichen Grundlagen und Normen" im berufsbegleitenden Kontaktstudium „Technische Dokumentation" der Hochschule Karlsruhe tätig.

Martin Rieder

Martin Rieder ist Geschäftsführer des Ingenieurbüros CAVEO Safety Mangagement & Documentation, Wirtschaftsingenieur, Technischer Redakteur und Experte für Technische Sicherheit und Dokumentation. Er berät Unternehmen weltweit zu Produktsicherheit, -konformität und -haftung sowie zur Technischen Dokumentation.

Im Vorstand von tekom Europe und tekom Österreich sowie in der nationalen und internationalen Normung leistet Martin Rieder einen wichtigen Beitrag. Als Experte im tekom Europe Beirat für Recht und Normung stehen Themen wie z. B. Produktkonformität und die Überarbeitung der Maschinenrichtlinie auf seiner Agenda.

Als Dozent im Masterstudiengang Technische Dokumentation (FH Joanneum), Trainer, Vortragender und Autor in Fachpublikationen gibt er sein Wissen und Know-how gerne weiter.

Roland Schmeling

Roland Schmeling, Dipl.-Phys., ist Geschäftsführer des Beratungsunternehmens SCHMELING + CONSULTANTS in Heidelberg.

Seit 1999 berät er Unternehmen im Bereich Technische Kommunikation und Dokumentation mit den Schwerpunkten Standardisierung, Informationskonzepte, Konformität und Veränderung. Zuvor studierte er Physik und analytische Philosophie. Seit 2004 lehrt er Qualitätssicherung an der Hochschule Furtwangen University. Als Auditor des TÜV SÜD prüft und auditiert er Dokumentationen und Redaktionsprozesse nach DocCert.

Für die tekom ist Roland Schmeling an verschiedenen Arbeitsgruppen, Gremien und Veröffentlichungen beteiligt. Als ehrenamtliches Mitglied des tekom-Beirats für Recht und Normen arbeitet er unter anderem auf nationaler und internationaler Ebene an der IEC/IEEE 82079-1 mit.

Stephan Schneider

Stephan Schneider, Dipl.-Ing. (FH), hat von 1984 bis 1989 Elektrische Energietechnik an der FH Konstanz studiert.

Seit 1995 ist er bei SEW-EURODRIVE tätig und leitet dort seit 2002 die Technische Redaktion. Zu seinen Aufgaben zählen unter anderem die strategische und konzeptionelle Weiterentwicklung des Bereichs Technische Kommunikation.

Davor war er als Entwicklungsingenieur in einem mittelständischen Maschinenbauunternehmen tätig.

IEC/IEEE 82079-1

Edition 2.0 2019-05

INTERNATIONAL STANDARD

NORME INTERNATIONALE

HORIZONTAL STANDARD
NORME HORIZONTALE

Preparation of information for use (instructions for use) of products – Part 1: Principles and general requirements

Élaboration des informations d'utilisation (instructions d'utilisation) des produits – Partie 1: Principes et exigences générales

IEC Central Office
3, rue de Varembé
CH-1211 Geneva 20
Switzerland
Tel.: +41 22 919 02 11
info@iec.ch
www.iec.ch

Institute of Electrical and Electronics Engineers, Inc.
3 Park Avenue
New York, NY 10016-5997
United States of America
stds.info@ieee.org
www.ieee.org

About the IEC
The International Electrotechnical Commission (IEC) is the leading global organization that prepares and publishes International Standards for all electrical, electronic and related technologies.

About IEC publications
The technical content of IEC publications is kept under constant review by the IEC. Please make sure that you have the latest edition, a corrigendum or an amendment might have been published.

IEC publications search - webstore.iec.ch/advsearchform
The advanced search enables to find IEC publications by a variety of criteria (reference number, text, technical committee,…). It also gives information on projects, replaced and withdrawn publications.

IEC Just Published - webstore.iec.ch/justpublished
Stay up to date on all new IEC publications. Just Published details all new publications released. Available online and once a month by email.

IEC Customer Service Centre - webstore.iec.ch/csc
If you wish to give us your feedback on this publication or need further assistance, please contact the Customer Service Centre: sales@iec.ch.

Electropedia - www.electropedia.org
The world's leading online dictionary on electrotechnology, containing more than 22 000 terminological entries in English and French, with equivalent terms in 16 additional languages. Also known as the International Electrotechnical Vocabulary (IEV) online.

IEC Glossary - std.iec.ch/glossary
67 000 electrotechnical terminology entries in English and French extracted from the Terms and Definitions clause of IEC publications issued since 2002. Some entries have been collected from earlier publications of IEC TC 37, 77, 86 and CISPR.

A propos de l'IEC
La Commission Electrotechnique Internationale (IEC) est la première organisation mondiale qui élabore et publie des Normes internationales pour tout ce qui a trait à l'électricité, à l'électronique et aux technologies apparentées.

A propos des publications IEC
Le contenu technique des publications IEC est constamment revu. Veuillez vous assurer que vous possédez l'édition la plus récente, un corrigendum ou amendement peut avoir été publié.

Recherche de publications IEC - webstore.iec.ch/advsearchform
La recherche avancée permet de trouver des publications IEC en utilisant différents critères (numéro de référence, texte, comité d'études,…). Elle donne aussi des informations sur les projets et les publications remplacées ou retirées.

IEC Just Published - webstore.iec.ch/justpublished
Restez informé sur les nouvelles publications IEC. Just Published détaille les nouvelles publications parues. Disponible en ligne et une fois par mois par email.

Service Clients - webstore.iec.ch/csc
Si vous désirez nous donner des commentaires sur cette publication ou si vous avez des questions contactez-nous: sales@iec.ch.

Electropedia - www.electropedia.org
Le premier dictionnaire d'électrotechnologie en ligne au monde, avec plus de 22 000 articles terminologiques en anglais et en français, ainsi que les termes équivalents dans 16 langues additionnelles. Egalement appelé Vocabulaire Electrotechnique International (IEV) en ligne.

Glossaire IEC - std.iec.ch/glossary
67 000 entrées terminologiques électrotechniques, en anglais et en français, extraites des articles Termes et Définitions des publications IEC parues depuis 2002. Plus certaines entrées antérieures extraites des publications des CE 37, 77, 86 et CISPR de l'IEC.

IEC/IEEE 82079-1

Edition 2.0 2019-05

INTERNATIONAL STANDARD

NORME INTERNATIONALE

HORIZONTAL STANDARD
NORME HORIZONTALE

Preparation of information for use (instructions for use) of products – Part 1: Principles and general requirements

**Élaboration des informations d'utilisation (instructions d'utilisation) des produits –
Partie 1: Principes et exigences générales**

INTERNATIONAL
ELECTROTECHNICAL
COMMISSION

COMMISSION
ELECTROTECHNIQUE
INTERNATIONALE

ICS 01.110; 29.020

ISBN 978-2-8322-6835-3

CONTENTS

INTERNATIONAL ELECTROTECHNICAL COMMISSION

____

PREPARATION OF INFORMATION FOR USE (INSTRUCTIONS FOR USE) OF PRODUCTS –

Part 1: Principles and general requirements

FOREWORD

1) The International Electrotechnical Commission (IEC) is a worldwide organization for standardization comprising all national electrotechnical committees (IEC National Committees). The object of IEC is to promote international co-operation on all questions concerning standardization in the electrical and electronic fields. To this end and in addition to other activities, IEC publishes International Standards, Technical Specifications, Technical Reports, Publicly Available Specifications (PAS) and Guides (hereafter referred to as "IEC Publication(s)"). Their preparation is entrusted to technical committees; any IEC National Committee interested in the subject dealt with may participate in this preparatory work. International, governmental and non-governmental organizations liaising with the IEC also participate in this preparation.

   IEEE Standards documents are developed within IEEE Societies and Standards Coordinating Committees of the IEEE Standards Association (IEEE-SA) Standards Board. IEEE develops its standards through a consensus development process, which brings together volunteers representing varied viewpoints and interests to achieve the final product. Volunteers are not necessarily members of IEEE and serve without compensation. While IEEE administers the process and establishes rules to promote fairness in the consensus development process, IEEE does not independently evaluate, test, or verify the accuracy of any of the information contained in its standards. Use of IEEE Standards documents is wholly voluntary. IEEE documents are made available for use subject to important notices and legal disclaimers (see http://standards.ieee.org/IPR/disclaimers.html for more information).

   IEC collaborates closely with IEEE in accordance with conditions determined by agreement between the two organizations.

2) The formal decisions of IEC on technical matters express, as nearly as possible, an international consensus of opinion on the relevant subjects since each technical committee has representation from all interested IEC National Committees. The formal decisions of IEEE on technical matters, once consensus within IEEE Societies and Standards Coordinating Committees has been reached, is determined by a balanced ballot of materially interested parties who indicate interest in reviewing the proposed standard. Final approval of the IEEE standards document is given by the IEEE Standards Association (IEEE-SA) Standards Board.

3) IEC/IEEE Publications have the form of recommendations for international use and are accepted by IEC National Committees/IEEE Societies in that sense. While all reasonable efforts are made to ensure that the technical content of IEC/IEEE Publications is accurate, IEC or IEEE cannot be held responsible for the way in which they are used or for any misinterpretation by any end user.

4) In order to promote international uniformity, IEC National Committees undertake to apply IEC Publications (including IEC/IEEE Publications) transparently to the maximum extent possible in their national and regional publications. Any divergence between any IEC/IEEE Publication and the corresponding national or regional publication shall be clearly indicated in the latter.

5) IEC and IEEE do not provide any attestation of conformity. Independent certification bodies provide conformity assessment services and, in some areas, access to IEC marks of conformity. IEC and IEEE are not responsible for any services carried out by independent certification bodies.

6) All users should ensure that they have the latest edition of this publication.

7) No liability shall attach to IEC or IEEE or their directors, employees, servants or agents including individual experts and members of technical committees and IEC National Committees, or volunteers of IEEE Societies and the Standards Coordinating Committees of the IEEE Standards Association (IEEE-SA) Standards Board, for any personal injury, property damage or other damage of any nature whatsoever, whether direct or indirect, or for costs (including legal fees) and expenses arising out of the publication, use of, or reliance upon, this IEC/IEEE Publication or any other IEC or IEEE Publications.

8) Attention is drawn to the normative references cited in this publication. Use of the referenced publications is indispensable for the correct application of this publication.

9) Attention is drawn to the possibility that implementation of this IEC/IEEE Publication may require use of material covered by patent rights. By publication of this standard, no position is taken with respect to the existence or validity of any patent rights in connection therewith. IEC or IEEE shall not be held responsible for identifying Essential Patent Claims for which a license may be required, for conducting inquiries into the legal validity or scope of Patent Claims or determining whether any licensing terms or conditions provided in connection with submission of a Letter of Assurance, if any, or in any licensing agreements are reasonable or non-discriminatory. Users of this standard are expressly advised that determination of the validity of any patent rights, and the risk of infringement of such rights, is entirely their own responsibility.

International Standard IEC/IEEE 82079-1 has been prepared by IEC technical committee 3: Information structures and elements, identification and marking principles, documentation and graphical symbols, in cooperation with the Computer Society, Systems and Software Engineering Standards Committee of the IEEE, under the IEC/IEEE Dual Logo Agreement and in cooperation with subcommittee 1: Basic conventions of ISO technical committee 10: Technical product documentation.

It is published as an IEC/ISO/IEEE triple logo standard.

It has the status of a horizontal standard in accordance with IEC Guide 108 [59].

This second edition cancels and replaces the first edition published in 2012. This edition constitutes a technical revision.

This edition includes the following significant technical changes with respect to the previous edition:

a) The structure of this document has been rearranged in order to facilitate application of the standard and to make it easier to find information. Where possible, the language has been simplified.
b) Information for use is introduced as a generic term. Instructions for use is a synonym for information for use. Step-by-step instructions is used as a subset of information for use.
c) Clause 5 (principles) is revised and focuses on the purpose of information for use, the quality of information and the process for management of information.
d) The process for preparation of information for use is integrated in the normative part and addressed comprehensively.
e) Empirical methods for the evaluation of information for use are described in the normative part.
f) The professional competencies needed for the preparation of information for use are addressed more comprehensively.
g) Some aspects have been added to general requirements for information for use for complex systems of systems.
h) Consideration is given to instructions for self-assembly products.
i) An informative annex providing guidance on the fulfilment of specified requirements is introduced.

The text of this International Standard is based on the following IEC documents:

FDIS	Report on voting
3/1390/FDIS	3/1401/RVD

Full information on the voting for the approval of this International Standard can be found in the report on voting indicated in the above table.

International Standards are drafted in accordance with the rules given in the ISO/IEC Directives, Part 2.

A list of all parts of the 82079 International Standard, published under the general title *Preparation of information for use (instructions for use) of products*, can be found on the IEC website.

The committee has decided that the contents of this document will remain unchanged until the stability date indicated on the IEC website under "http://webstore.iec.ch" in the data related to the specific document. At this date, the document will be

- reconfirmed,
- withdrawn,
- replaced by a revised edition, or
- amended.

IMPORTANT – The 'colour inside' logo on the cover page of this publication indicates that it contains colours which are considered to be useful for the correct understanding of its contents. Users should therefore print this document using a colour printer.

INTRODUCTION

Information for use is a part of any type of product it supports. A product can be a system, a service, goods, software, information, or a combination thereof. People depend on the information provided to use products safely, effectively, and efficiently, unless they receive training from a human instructor or unless the functions are entirely intuitive. Confusing product information and inadequate instructions are major sources of frustration for consumers and skilled workers. Defective information can pose a risk of harm or loss, leading to prosecution or liability claims against the supplier or brand owner.

Information for use consists of three information types: conceptual information that the target audience needs to understand, instructional information to be followed or considered, and reference information to be consulted when needed. The information for use can include various information products that are selected, presented, and delivered on different media to meet the needs of different target audiences (Figure 1).

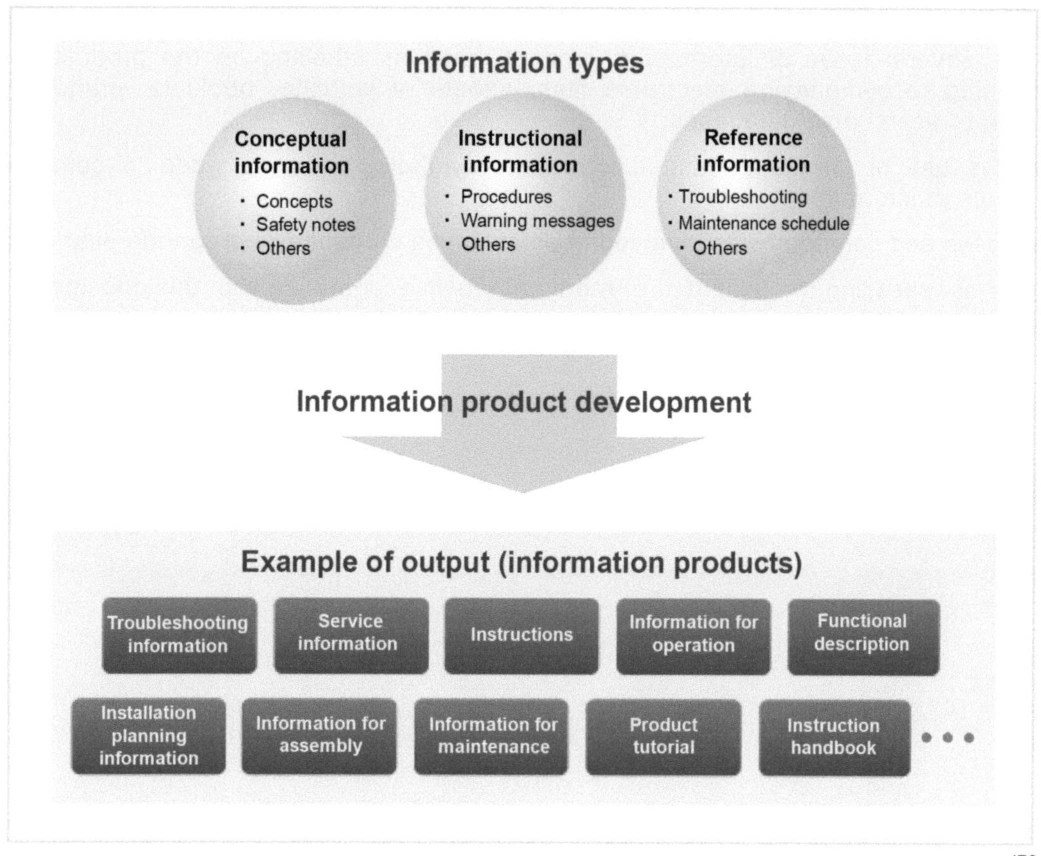

Figure 1 – Concept of information for use

Some product-specific information requirements (e.g. the wording of warnings or positioning of labels) are specified in standards for individual types or classes of products, but these do not provide a complete set of requirements for information for use. This document gives principles and general requirements for conveying information to users that are as applicable to complex and safety-critical systems (e.g. industrial plants), as they are to simple consumer products (e.g. a can of paint), to software, and to specialized testing equipment. Information for use is needed for anyone (skilled and unskilled) who encounters a product for the first time: whether to assemble from a kit, install, operate, maintain, or dispose of it.

The principles for preparing information for use of products are horizontally applicable across product sectors because all target audiences are human and subject to human error. The techniques found to be most effective to help such audiences to absorb new information are generally similar, as are their capabilities for misunderstanding language or images. What works best in information gathering and delivery (e.g. in content, wording, graphics, testing, and management of the whole process) has emerged from experience and practice in the fields of human factors and technical communication. This document is applicable on its own or can be referenced in product standards that include requirements to provide the target audience with information for use, for example, step-by-step instructions or other information products.

This document is addressed to those who prepare information for use; managers of organizations that produce or purchase products, systems, or services; human factors consultants; and product enforcement agencies.

It covers the following aspects:

- information content: conceptual information the target audiences need to understand, procedures they have to undertake, and the reference information they need to consult at some point;
- options for information to be provided as a single deliverable (e.g. a product manual) or across several types of information product, such as labelling on the product itself or packaging, accompanying electronic files, sheets, a website, booklets, printable files, videos, or searchable databases;
- effective use of language, text, illustrations, symbols, audio or video to communicate elements of information;
- processes and competencies involved in establishing content and preparing output; and
- means of assessing the fulfilment of requirements in accordance with this document.

PREPARATION OF INFORMATION FOR USE (INSTRUCTIONS FOR USE) OF PRODUCTS –

Part 1: Principles and general requirements

1 Scope

This part of 82079 International Standard provides principles and general requirements for information for the use of products.

Information for use is:

- necessary for the safe use of a product;
- helpful for the efficient and effective use of a product; and
- often necessary to fulfil market, legal, and regulatory obligations.

Products include, for example:

- industrial products (e.g. machinery, components, devices, and equipment);
- consumer products (e.g. household appliances, audio-visual devices, communication devices, and do-it-yourself products);
- medical devices, equipment and systems;
- complex systems of systems (e.g. industrial plants, refineries, production sites, and data centres);
- means of transport (e.g. cars, trucks, ships, and airplanes);
- application software (e.g. office software and web applications);
- software for operation and automatic control of systems; and
- technical services.

Information for use of products applies to phases of the product life cycle such as transport, assembly, installation, commissioning, operation, monitoring, troubleshooting, maintenance, repair, decommissioning, and disposal, and the appropriate tasks performed by skilled and unskilled persons.

This document provides the common and fundamental aspects serving as the binding and generic framework for prospective additional parts of this document.

This document applies to information for use whether provided as electronic or printed information products, for example:

- service information for machinery, provided as PDF file for web download for trained service technicians;
- information for operation of software, provided electronically with the software as an online help;
- troubleshooting information for an operator, on a machine's on-screen display;
- functional description of a medical device on a website;
- information for assembly, printed and provided in the packaging of a piece of furniture for consumers;
- printed information for maintenance for an automatic coffee machine;

- installation planning information for a safety sensor, downloadable from a website for mechanical engineers;
- product tutorial as a web-based training aid;
- materials for product on-site training; and
- label for transportation personnel, printed on the packaging of a heavy containment vessel.

This document is intended for use by all parties responsible for or involved in the conceptualization, creation, maintenance, translation, localization, integration of content, production, provision and evaluation, acquisition and supply of information for use.

The parties concerned with information for use include the following:

- acquirers and suppliers of products;
- managers with process or product responsibilities;
- content owners and content creators such as technical writers, information developers, and illustrators;
- technical translators, localization and terminology experts; and
- authorities, agencies and authorized experts.

The aim of this document is to provide these parties with the common and fundamental basis for developing information for use of supported products of the required quality.

This document is intended to be applied and referenced in product-specific standards, including those that specify the content of information for use of those products, for example, IEC 60335 for all parts for household electrical products, ISO 20607* for machinery, and ISO/IEC 26514 for systems and software. It is intended as a basis to elaborate product-specific requirements for target audiences or product information.

* Under preparation. Stage at the time of publication: ISO/DIS 20607:2018.

This horizontal standard is primarily intended for use by technical committees in the preparation of standards in accordance with the principles laid down in IEC Guide 108.

One of the responsibilities of a technical committee is, wherever applicable, to make use of horizontal standards in the preparation of its publications. The contents of this horizontal standard will not apply unless specifically referred to or included in the relevant publications.

2 Normative references

The following documents are referred to in the text in such a way that some or all of their content constitutes requirements of this document. For dated references, only the edition cited applies. For undated references, the latest edition of the referenced document (including any amendments) applies.

IEC 60417, *Graphical symbols for use on equipment* (available at http://www.graphical-symbols.info/equipment)

IEC 60617, *Graphical symbols for diagrams* (available at http://std.iec.ch/iec60617)

IEC 60825-1, *Safety of laser products – Part 1: Equipment classification and requirements*

ISO 3864 (all parts), *Graphical symbols – Safety colours and safety signs*

ISO 5807, *Information processing – Documentation symbols and conventions for data, program and system flowcharts, program network charts and system resources charts*

ISO 7000, *Graphical symbols for use on equipment* (available at http://www.graphical-symbols.info/equipment)

ISO 7010:2011, *Graphical symbols – Safety colours and safety signs – Registered safety signs*

ISO 9241-300, *Ergonomics of human-system interaction – Part 300: Introduction to electronic visual display requirements*

ISO 14617 (all parts), *Graphical symbols for diagrams*

3 Terms and definitions

For the purposes of this document, the following terms and definitions apply.

IEC, ISO, and IEEE maintain terminological databases for use in standardization at the following addresses:

- IEC Electropedia: available at http://www.electropedia.org/
- ISO Online browsing platform: available at http://www.iso.org/obp
- IEEE Standards Dictionary Online: available at http://ieeexplore.ieee.org/xpls/dictionary.jsp

3.1
accessibility
extent to which products, systems, services, environments and facilities can be used by people from a population with the widest range of user needs, characteristics, and capabilities to achieve identified goals in identified contexts of use

Note 1 to entry: Context of use includes direct use or use supported by assistive technologies.

[SOURCE: ISO 9241-940:2017, 3.1]

3.2
commissioning
procedures prior, or related, to the handing over of a product ready to be placed into service

Note 1 to entry: Commissioning may include final acceptance testing, the handing over of relevant documentation for the supported product or instructing personnel.

3.3
competent person
person who has acquired through training, qualifications or experience, or a combination of these, the knowledge and skills enabling that person to perform a specified task

Note 1 to entry: This document uses the term competent person in the context of the creation of the information for use and information management. See also definition 3.36, skilled person.

[SOURCE: ISO 17842-1:2015, 3.6, modified – Note 1 to entry added.]

3.4
component
product used as a constituent in an assembled product, system or plant

[SOURCE: IEC 81346-1:2009, 3.7]

3.5
consequence
outcome of an occurrence of a particular set of circumstances

Note 1 to entry: There can be more than one consequence from one occurrence.

Note 2 to entry: Consequences can be expressed qualitatively or quantitatively.

3.6
consumable
any part or material that is necessary to be replaced or refilled for continuous use or maintenance of the product

3.7
consumer
individual member of the general public, purchasing or using products for private purposes

Note 1 to entry: For the purpose of the requirements of this document, a "consumer" is assumed to be a non-skilled person.

3.8
consumer product
product available to, intended for or likely to be used by consumers

3.9
customer
individual or organization that purchases or receives a product

Note 1 to entry: The term "customer" includes but has a broader meaning than "consumer" (3.7).

3.10
document
fixed and structured amount of information intended for human perception that can be managed and interchanged as a unit between users and systems

[SOURCE: IEC 61082-1:2014, 3.1.1, modified – The notes have been deleted.]

3.11
documentation
collection of documents related to a given subject

[SOURCE: IEC 61082-1:2014, 3.1.3, modified – The notes have been deleted.]

3.12
equipment
associated assemblies intended to achieve a defined final objective

[SOURCE: IEC 80416-1:2008, 3.3]

3.13
graphical symbol
visually perceptible figure with a particular meaning used to transmit information independently of language

[SOURCE: IEC 80416-1:2008, 3.4]

3.14
harm
injury or damage to the health of people, or damage to property or the environment

[SOURCE: ISO/IEC Guide 51:2014, 3.1]

3.15
hazard
potential source of harm

[SOURCE: ISO/IEC Guide 51:2014, 3.2]

3.16
illustration
visually perceptible figure, artificially created to transmit specific information, excluding safety signs and graphical symbols

EXAMPLE Graphical image, picture, figure, photograph, line drawing, table.

3.17
information for use
instructions for use
information provided by the supplier that provides the target audience with concepts, procedures and reference material for the safe, effective, and efficient use of a supported product during its life cycle

EXAMPLE Step-by-step instructions, troubleshooting information, service information, operation and maintenance instructions, and assembly instructions.

Note 1 to entry: "Instructions for use, procedures for the safe, effective, and efficient use of a supported product", was the term formerly used to include all the content defined as part of information for use.

Note 2 to entry: Excludes supplementary information, which is outside the scope of information for use.

3.18
information model
representation of concepts, relationships and rules for a body of information

3.19
information product
information item
separately identifiable body of information that is produced, stored, and delivered for human use

Note 1 to entry: A document produced to meet information requirements can be an information product, or part of an information product, or a combination of several information products.

Note 2 to entry: An information product can be produced in several versions during a project or system life cycle.

[SOURCE: ISO/IEC/IEEE 15289:2017, 3.1.13, modified – "information product" has been added as a first preferred term and in the notes "information item" has been replaced with "information product".]

3.20
information quality
degree to which an information product satisfies the stated and implied needs when used under specified conditions

3.21
intended use
exhaustive range of functions or foreseen applications defined and designed by the supplier of the product

Note 1 to entry: Functions or applications not listed by the supplier are excluded from the intended use of the product.

Note 2 to entry: Additional or modified functions or applications resulting from modifications not sanctioned by the supplier of the product are excluded from the intended use.

3.22
label
item, attached to a product (if practicable) or its packaging, which displays information related to one or more characteristic(s) of the product

[SOURCE: ISO/IEC Guide 14:2018, 3.10, modified – changed "consumer product" to "product".]

3.23
maintenance
actions intended to retain a product in, or restore it to, a useful and safe condition, in which it can perform the intended use

3.24
marking
symbols, pictograms, warnings, logos or inscriptions on the product, label, or packaging to identify its type, which can also include short textual messages

[SOURCE: ISO/IEC Guide 14:2018, 3.12, modified – changed "consumer product" to "product".]

3.25
minimalism
principle that information for use includes critical information and the least amount of other information needed to be complete

3.26
personal protective equipment
any device or appliance designed to be worn or held by an individual for protection against one or more health and safety hazards

[SOURCE: IEC 60050-651:2014, 651-23-01, modified – The abbreviated term "PPE", the wording "whilst performing live working" and Note 1 to entry have been deleted.]

3.27
plant
assembly of different systems on a specific site

[SOURCE: IEC 61355-1:2008, 3.10]

3.28
product
intended or accomplished result of labour, or of a natural or artificial process

Note 1 to entry: Information for use is seen as a part of a product.

Note 2 to entry: A product can be a system, a service, goods, information, or a combination thereof.

3.29
product safety label
label on a product that informs of one or more potential hazards and describes the safety precautions and/or actions required to avoid the hazard(s)

[SOURCE: ISO 3864-2:2016, 3.9, modified –"the observer" has been deleted and Note 1 to entry has been deleted.]

3.30
reasonably foreseeable misuse
use of a product or system in a way not intended by the supplier, but which can result from readily predictable human behaviour

Note 1 to entry: Readily predictable human behaviour includes the behaviour of all types of users. For more information, see ISO 10377.

[SOURCE: ISO/IEC Guide 51:2014, 3.7, modified – The wording "e.g. the elderly, children and persons with disabilities" has been deleted from Note 1 to entry. Note 2 to entry has been deleted.]

3.31
repair
corrective maintenance of defective or damaged parts or functions of a product

3.32
risk
combination of the probability of occurrence of harm and the severity of that harm

Note 1 to entry: The probability of occurrence includes the exposure to a hazardous situation, the occurrence of a hazardous event and the possibility to avoid or limit the harm.

[SOURCE: ISO/IEC Guide 51:2014, 3.9]

3.33
safety note
safety-related information that is collected or grouped in a document or section of a document in a meaningful organizational system to explain safety measures, raise safety awareness, and provide a basis for safety-related training of persons

3.34
safety sign
sign giving a general safety message, obtained by a combination of colour and geometric shape and which, by the addition of a graphical symbol, gives a particular safety message

[SOURCE: ISO 7010:2011, 3.3]

3.35
self-assembly product
flatpack product
ready-to-assemble product
product that is intended to be assembled or erected from separate components without the help of a supervisor or trainer and relying only on step-by-step instructions

Note 1 to entry: This includes both products supplied in the form of a kit of component parts and products that incorporate structural elements requiring folding, locking or tensioning (e.g. child pushchairs or camping equipment).

3.36
skilled person
individual with relevant technical education, training, or experience to enable perceiving risks and avoiding hazards occurring during use of a product

3.37
step
one element in a procedure that tells the target audience to perform an action

Note 1 to entry: A step is presented as a numbered list item.

3.38
step-by-step instructions
procedure consisting of steps to be followed for the safe, effective, and efficient use of a supported product

3.39
supplier
individual or organization that provides products

Note 1 to entry: "Supplier" includes producer, manufacturer, integrator, vendor, distributor, retailer, agency, provider of information or their authorized representatives.

3.40
supported product
product to which the information for use relates

3.41
system
set of interrelated elements considered in a defined context as a whole and separated from their environment

[SOURCE: IEC 60050-151:2001, 151-11-27, modified – The notes have been deleted.]

3.42
target audience
group of persons for whom information for use is intended by the supplier

3.43
topic
coherent part of an information product with a heading that deals with a single subject

Note 1 to entry: In a printed document a topic is a section or subsection. In online documentation, a topic usually is the amount of information invoked by navigation (e.g. following a link) and completely accessible by scrolling.

3.44
usability
extent to which a product can be used by specified users to achieve specified goals with effectiveness, efficiency, and satisfaction in a specified context of use

[SOURCE: ISO 9241-210:2010, 2.13 modified – "system or service" have been deleted.]

3.45
use
activity that the user may perform with or on the product during its whole life cycle

Note 1 to entry: "Use" covers the intended use and the reasonably foreseeable misuse in normal and reasonably foreseeable conditions of use.

3.46
use case
description of behavioural requirements of a system and its interaction with a user

[SOURCE: ISO/IEC/IEEE 26515:2018, 4.15]

3.47
user
person who interacts with the product

Note 1 to entry: "User" can include persons who install, operate, service, maintain, or dispose of the product.

3.48
warning message
safety-related information that warns about hazards and instructs on how to avoid them

Note 1 to entry: Warning messages are normally given within step-by-step instructions related to hazardous tasks.

4 Fulfilment of requirements for information for use

4.1 General

The fulfilment of specified requirements in this document does not release suppliers from their obligations to assess the legal framework for product compliance within each separate distribution area. Inadequate product-related information can result in product safety and liability risks.

The requirements of this document are of two kinds:

a) requirements for information for use supporting a particular product in 5.2, 5.3, Clause 7, Clause 8 and Clause 9; and

b) requirements for information management processes in 5.4, Clause 6, and Clause 10.

A claim of fulfilment of requirements for information for use of a particular consumer product shall be made by a supplier only if the information products supplied (including information products supplied electronically) to support the product fulfil the requirements in a).

Claims of fulfilment of requirements other than for information for use supporting a consumer product shall only be made by a supplier if:

1) the processes established by an organization to prepare information for use fulfil b); or

2) the information for use supplied to support a particular product fulfil a).

A supplier may claim fulfilment of requirements for both the information for use supporting a particular product (a)) and for the information management process (b)).

Annex A provides guidance on evaluation.

4.2 Evaluation of information for use of consumer products

Evaluation of information for use of a consumer product should include an empirical effectiveness check. The empirical effectiveness check should involve not only skilled experts but also persons unfamiliar with the use of the supported product and its information for use. Where practicable, the supported product and preferably packaging should be available for the evaluation. This should be practicable for consumer products.

Annex A describes several methods for empirical effectiveness checks of information products.

4.3 Documentary evidence of evaluation

Where fulfilment of requirements in this document is claimed, the supplier shall retain records of the following:

a) the information for use and any packaging that were submitted for the evaluation;

b) the language version of the information for use which was assessed and approved as fulfiling the requirements in this document;

c) whether the product sample was supplied fully assembled or was assembled as part of the assessment of the information for use; and

d) the name of the organization or person(s) that carried out the evaluation.

5 Principles

5.1 General

Clause 5 establishes principles for the selection of content, structure, and format for information for use, and the processes for the design and sustainment of information for use. The principles are concerned with:

a) the purpose of the information for use;

b) the quality of information in the information for use; and

c) the use of processes for the management of information.

5.2 Purpose of information for use

5.2.1 General

Information for use shall provide the necessary information for the target audiences to make safe, efficient, and effective use of a supported product.

To meet this purpose, information for use provides the following information types:

a) conceptual information: concepts, explanations and descriptions to enable the target audiences to perform tasks by understanding their purpose and the principles of operation of the supported product;

b) instructional information: procedures and task-oriented step-by-step instructions; and

c) reference information: detailed information which needs to be retrieved occasionally, such as troubleshooting information, commands or codes.

5.2.2 Information for use as part of the product

Information for use is an integral part of the supported product and shall be given the same attention and importance as every other part of the product.

If the information for use is defective (e.g. does not meet the requirements), the product as a whole is defective. Information for use shall be clearly and easily identifiable with the supported product.

5.2.3 Target audiences orientation

Information for use shall be usable and relevant for the target audiences with respect to their expected tasks and goals.

NOTE More information on target audience analysis can be found in ISO/IEC 26514.

5.2.4 Safe use of the supported product

Information for use shall promote the safe operation and maintenance of the supported product. Information for use contributes to reducing the risk of injury or illness to people or animals, and risks of damage, malfunction or inefficient operation of the product. However, information for use cannot compensate for design deficiencies or missing safety systems.

5.2.5 Product compliance through information for use

The framework for product compliance consists, in general, of the following areas of legal practice:

a) product safety;

b) product liability; and

c) contracts.

Because the information for use is part of the supported product, the legal compliance of the information for use can be considered as part of the legal compliance of the product.

5.3 Information quality

5.3.1 General

Information for use shall meet the target audiences' needs for information quality: completeness, minimalism, correctness, conciseness, consistency, comprehensibility, and accessibility.

Information quality means that the information meets the requirements of all parties with an interest in the supported product with respect to the content; structure; means, format and media of information.

NOTE Poor information quality can cause legal defects.

5.3.2 Completeness

Information for use shall be complete. The completeness of information depends on the following being addressed:

a) the risks of using the product;

b) the tasks that the target audiences are intended or allowed to perform throughout the life cycle of the supported product;

c) the target audiences' need for information; and

d) legal and contractual requirements.

5.3.3 Minimalism

Minimalism shall be applied. Minimalism is an approach to information for use that includes critical information and the least amount of other information needed to be complete. Critical information includes the safe use of the product, the security of the information created with the product, or the privacy of the information created by or stored with the product.

NOTE Minimalism means that only relevant information is provided.

In contrast to minimalist information, excessive documentation of all possible product functions, for example, is wasteful. It can hinder users' comprehension of how to use a product for their common or critical tasks, and from discovering needed information quickly in their context of use. Minimalism balances the cost of developing and sustaining information for use with the needs of the target audiences to operate a product safely, effectively, and efficiently.

Critical information, such as safety-related information, shall be repeated where it is needed.

5.3.4 Correctness

Information for use shall be technically correct and contain the current information on the supported product to which the information for use relates. If the supported product is being modified, the need for changes in the information for use should be evaluated.

5.3.5 Conciseness

Information for use shall be concise with respect to format and media.

Conciseness with respect to the content and presentation of the information means:

a) succinct wording;
b) text and illustrations without unnecessary details; and
c) videos as short as relevant.

5.3.6 Consistency

Information for use shall be consistent with respect to the content, format and media.

Consistency with respect to content means, for example, that the information is unambiguous and correct (e.g. consistent with the supported product). Consistency with respect to format and media means, for example, consistent terminology, units of measurement, structures and indications (i.e. headings, titles), symbols, warning messages, and use of colours.

To achieve consistency, systems for consistent formatting should be separated from systems for consistent content (presentation of topics). This is called the principle of separation of content and format.

NOTE Mark-up languages can help to achieve consistency.

Information for use should be consistent with other information for the supported product, such as that on or in product packaging, labelling, training materials, materials for customer support and user assistance, and promotional materials.

5.3.7 Comprehensibility

Information for use shall be comprehensible to the target audiences. This requires:

a) comprehensible text and terminology;
b) comprehensible illustrations, safety signs and graphical symbols; and
c) comprehensible methods of navigation and use of media.

NOTE Comprehensibility includes clarity and intelligibility. Comprehensibility depends on the context of use. The need for comprehensibility is especially important in emergency situations.

5.3.8 Accessibility

Information for use shall be accessible (e.g. technically available and legible) for the target audiences in the context of use and throughout the intended lifetime of the supported product.

5.4 Use of repeatable processes

Information for use shall be developed, produced, and sustained using defined, repeatable processes. The use of repeatable processes facilitates planning, implementing, checking, correcting, and improving the information for use.

These processes shall:

a) be planned so as to obtain sufficient competent human resources for information development and to make information accessible at the required time;
b) be quality managed and assured on the basis of clear and common quality objectives; and
c) use single-source information management to reduce inconsistencies and discrepancies.

Information content should be retained for reuse throughout the intended lifetime of the supported product, maintained to be current, and adaptable for use on similar products and future product versions.

6 Information management process

6.1 General

The supplier shall implement information management processes for planning, designing, producing, and sustaining information for use. The information management process shall generate, obtain, confirm, transform, retain, retrieve, and disseminate information, as appropriate.

The information management process shall:

a) identify information to be managed;

b) define information representations;

c) obtain, develop or transform, store, validate, present, and dispose of information;

d) identify the status of information; and

e) make information available for use.

The development and sustainment of information for use are typically performed as a supporting information management process within the life cycle of the supported product.

Four process groups shall be addressed:

1) analysis and planning of information (6.2);

2) design and development, including review, editing, and testing (6.3);

3) production and distribution (6.4); and

4) sustainment, including maintenance and improvement (6.5).

6.2 Analysis and planning of information

6.2.1 General analysis

Analysis and planning of information shall begin with an organizational strategy and policy regarding the development and sustainment of information for use. Senior management should arrange the resources, schedules, and quality targets so as to enable the planning, preparation and delivery of information for use.

Instructional procedures shall be formulated based on a market analysis or an analysis of the characteristics, needs and intended tasks of the target audiences. The analyses shall be performed early in the life cycle of the supported product, and by collecting information about the product. This analysis should result in an understanding of the context of use (operational concept) and the nature of the target audiences. Decisions made during analysis should include the following:

a) the type of media to be used;

b) whether to segment information for various target audiences or language versions;

c) whether to include all information at one website, or in one document, or a series of documents; and

d) whether to include the information within or on the supported product or provide the information separately.

Factors affecting the information design for information for use shall include target audience analysis, media and languages, information sources, risk management, and legal considerations.

6.2.2 Target audiences

Planning for information for use shall consider the skills and tasks required of the target audiences. In this context, there can be multiple target audiences, including users of the supported product, installers, technicians, administrators, operators, and those responsible for security, product disposal or recycling. The expected degree of knowledge and skills of the target audiences, and their expected frequency of use of the supported product should be defined.

Planning for information for use shall consider the characteristics of the target audiences. Each target audience should be defined by common characteristics, for example, similar work tasks.

The definition for each target audience should consider the following characteristics:

a) background, skills, experience, and training with respect to the relevant sectors, for example, mechanics, electrics, electronics, hydraulics, software, programming;
b) language familiar to the target audience;
c) tasks;
d) working environment, for example, climatic conditions, light, working in a team or alone;
e) available tools; and
f) available means for information access, for example, Internet access, audio services, phone or video remote services to get support, permission for information access, adequate device for displaying electronic information.

The description of target audiences should consider that target audiences are often heterogeneous, i.e. including a range of capabilities.

The description of the tasks of the particular target audiences should consider the following aspects, if applicable:

1) why the task is carried out;
2) how frequently the task is carried out and how likely it is that the users will remember how to do it;
3) how long the task is expected to take, for example, minutes, hours, or days;
4) whether the task is carried out by one person, or is carried out as a process by more persons with one or more different job roles;
5) what the specific environmental conditions of the task are, for example, stress and mental pressure, climatic conditions;
6) how fault-tolerant the task is and how important it is that the user carries out the task correctly;
7) what discretion the user has in how or when the task is carried out;
8) what the prerequisites for the task are; and
9) how common the task is.

NOTE For further information on target audience analysis and the method of audience mapping matrix, see ISO/IEC 26514.

Target audiences with particular needs for accessible information include older persons; children whose use of the supported product requires supervision; persons unable to read the printed information for use; and persons with physical, visual or auditory disabilities.

6.2.3 Media

Analysis and planning of information shall include the choice of media for the information for use, such as electronic or printed media, provided as part of the supported product, its packaging, or separately. The supplier should consider the choice of media in view of the needs of the target audience for information accessibility. The produced (for example, printed) information for use should be usable for the intended lifetime of the supported product; for example, printed information for use should be provided on durable paper. Electronic information for use can be provided in combinations of audio, visual (i.e. illustration, video, or animation), or written forms, on separate media, through the Internet, for use on various stationary or mobile viewing devices, or embedded in the supported product.

6.2.4 Languages

Planning of information shall include identification of local language requirements for the information for use. These shall be identified and versions of the information for use shall be translated and provided accordingly.

NOTE 1 For further information on the translation management process, see ISO 17100.

Consideration should be given to conveying important installation and operational precautions and safety-related information by means of language-independent safety signs, graphical symbols and self-explanatory illustrations.

NOTE 2 It is usual for information for use to be supplied in the official language(s) of the country of sale.

6.2.5 Information sources

Planning of information shall include the identification of information sources and the most effective ways to use them. The following should be taken into account:

a) function, structure and life cycle of the supported product, similar products and requirements for information for use, possible problems and troubleshooting information, spare parts and options, compliance and conformance information;
b) the market(s) in which the supported product will be supplied, including characteristics of the market(s) and channels for distribution of the supported product;
c) legal and normative requirements for the markets in which the supported products will be supplied; and
d) the time when stable and reliable information will be available.

Sources for information for use should include interviews and observations by persons having experience with the supported product. Where information for use integrates several already documented systems or services as information sources, the supplier should decide whether to adapt the existing documentation using its own formats or incorporate the existing documentation by reference without change, using cross-references or hyperlinks.

6.2.6 Information sustainment

The needs for maintaining and supporting information during the life cycle of the supported product shall be taken into account when planning the preparation of information for use. Information shall be managed so that relevant information on product changes and new releases is available for inclusion in the process. Planning for information for use shall include identification of the expected duration and level of post-delivery support for the supported product and, therefore for the information for use, along with plans to store, retrieve, change, protect, and dispose of the information for use.

6.2.7 Risk management

Analysis and planning of information shall be based on considerations of hazards inherent in the installation, operation, and maintenance of the supported product. The analysis of hazards shall consider tasks or use cases. Hazards include not only immediate risks to operators and users of the supported product, but also foreseeable future impact on others in the environment. Hazards also include the possibility of unfavourable or unexpected risks for the customer, such as loss of business or personal data. The supplier shall identify, analyse, and evaluate hazards for their impact, likelihood of occurrence, and availability of methods to avoid or limit them. Residual risks (risk remaining after risk reduction) shall be included in the information for use as limitations or special exceptions and addressed in warning messages.

The planning process shall include the treatment of risks in the information for use. This should be coordinated with the engineering and design functions to help ensure the safe intended use of the supported product. With respect to safety, the developer of the information for use should be involved in risk assessments so as to make clear the limits of information for use in ensuring safety, and to help build safety into the design of the supported product through inherent safety features, auxiliary safety devices, safety warnings in user interface messages, safety notes, training, and packaging.

NOTE ISO 12100, ISO 31000, ISO 14971 and ISO/IEC Guide 51 provide additional requirements for risk management and safety-related information.

6.2.8 Contractual agreements and legal constraints

Requirements regarding information for use resulting from contractual agreements and legal constraints shall be available for the information development process.

6.2.9 Project management and control

Managing projects shall include planning, developing, maintaining project schedules, performing resource management, and measuring and reporting the status of the project and the information for use. Planning should include the following:

a) adoption of policies for content management and reusability;

b) review and testing;

c) preparation of translated or localized versions;

d) resource management;

e) the involvement of competent persons;

f) quality assurance, project risk management, and configuration management;

g) obtaining infrastructure resources, such as a content management system and publishing system, or the use of an information management system integrated with the project's software development tools;

h) management of the communication within the project team, with information providers and with stakeholders; and

i) for complex systems, a delivery plan for the different information products.

Control shall include the responsibility for authorizing and closing projects, obtaining and communicating accurate and timely information on project status, and redirecting project activities and tasks to take advantage of opportunities or to correct deficiencies.

NOTE Information about management for information development can be found in ISO/IEC/IEEE 26511.

6.2.10 Configuration management

Defective configuration management can result in wrong or missing information in the information for use for a specific product. Persons in charge of configuration management shall establish baseline versions and manage changes to information for use under their control. They shall control work information, such as reusable content ("single source") for information for use, product components, plans and design artefacts. They should manage traceability between versions of information for use and supported products, so that it is possible to find the current or applicable version of the information for use at any given time after release throughout the life cycle of the supported product. They shall include activities to review and approve changes and releases.

NOTE ISO/IEC/IEEE 26531 includes requirements for content management and a component content management system.

6.2.11 Human resource management

Preparation of information for use shall include planning for, obtaining, and allocating the required competent human resources. This shall include training in the use of software tools and methods and familiarization with organizational procedures where necessary.

6.2.12 Quality assurance

When preparing information for use, quality assurance techniques and activities shall be identified and performed throughout the information development process.

NOTE ISO 9000 describes quality management terms and concepts.

6.3 Design and development, including review, editing, and testing

6.3.1 General

The development process shall include:

a) preparing information design concepts, templates or models;
b) gathering information;
c) selecting the content structure;
d) applying the information design to create the written and graphic content;
e) implementing the information in the specified media; and
f) editing and reviewing the content, and evaluating the information for use with the supported product.

Usability testing should be used to demonstrate that information for use allows the target audiences to perform the described tasks, or to point out defects.

6.3.2 Design, information gathering and development

A consistent design concept should be used for related information for use. A style guide or guideline for authoring and editing should be established and followed throughout the information for use, covering, for example:

- writing style;
- wording;
- consistent use of terms;
- form of addressing or referring to the target audiences;
- design of text and page layout including selection of typeface and font size;
- navigation and linking; and
- use of the structures for information types (e.g. safety notes and procedures).

Consistent terminology should be agreed, recorded, and communicated for use throughout the information for use. If translation is required, the translation provider should provide information showing how terms have been translated consistently for the target language.

NOTE For further information on terminology work see ISO 704.

Empirical tests (see Table 1 in 6.3.3) should be carried out if there are any doubts that technical terms will be understood by the target audience.

The underlying terminology should be defined and documented before drafting the content of the information for use.

6.3.3 Reviewing, editing and testing

Reviewing and testing of the information for use should be performed throughout the information development process.

Evaluations should be performed using methods such as peer reviews, walkthroughs and inspections by experts outside the team responsible for development of the supported product. Interactive empirical evaluation of the information for use should be carried out by a panel representing the range of target audiences. Informal or controlled usability testing should also be carried out. Editing should be performed by persons other than those involved in writing or translating the information for use.

The source text should be reviewed for accuracy, consistency, and usability before it is translated. Translations should be reviewed for technical and linguistic accuracy and clarity by competent persons; details are given in 10.4.

Empirical evaluation (e.g. usability testing) should be used as a means for determining whether the information for use achieves its purpose. Table 1 shows examples of empirical methods.

Table 1 – Examples of empirical methods

Empirical method	Scope and objectives of the method
Interviews for opinion survey	analysis of satisfaction by those involved in the preparation or presentation of the information for use target audience analysis identification of information regarding the context of use of the product (for example why, where, how often) identification of target audiences' needs assessment or evaluation of information for use comparison of different information products
Focus groups for opinion survey	identification of target audiences' needs assessment or evaluation regarding handling of and working with the information for use comparison of different styles and formats
Usability testing	identification of gaps and weaknesses in the information for use testing of information for use or comparison of different versions testing of comprehensibility and usability
Self-assessments and checklists	assessment of quality according to technical criteria checklists relating to standards
Expertise, expert reviews and certification	assessment of information for use according to defined criteria analysis of weak points attention to legal concerns
Feedback, recommendations, or observations from independent award or merit schemes	evaluation of a product according to generally accepted guidelines comparison with other information products

Empirical method	Scope and objectives of the method
Feedback from complaints management, hotlines and service information	continuing improvement process optimization of request handling improvement of the information product

Improvements should be incorporated into the style guide in order to continually improve the quality of information for use. Errors discovered during reviews and testing shall be recorded, analysed for severity and time and cost to correct, and resolved.

NOTE 1 For example, a minor spelling error can be immediately corrected, but an error affecting safety-critical systems could cause a project shutdown until the problem is resolved.

Project schedules should allow time for reviews and correction of significant defects, with repeated reviews if needed. A designated person shall be the review authority for determining whether the information for use has met its review criteria and can proceed to the next stage.

NOTE 2 ISO/IEC/IEEE 26513 provides detailed requirements for review and test of information for users.

6.4 Production and distribution

Production of information for use shall comprise the integration, preparation, reproduction, packaging and distribution of physical media or electronic copies of the information for use. Suppliers should identify the information for use for the supported product in their logistics and order processing systems.

6.5 Sustainment, maintenance and improvement

Sustainment shall include continuing target audience feedback, in order to keep the information for use current for different versions of a supported product throughout the life cycle of those products, including feedback on modifications relating to improved usability.

The supplier shall establish a method for receiving information on changes, updating information for use, and making updates available to the target audiences.

Information on customer satisfaction should be used to amend information for use as appropriate. Such information can be found from customer complaints, service reports, analyses of causes of accidents and injuries, and reviews of products posted on the Internet.

After the sale of the product, the target audiences should be informed of safety-critical revisions to information for use via websites, e-mails, or mass media announcements.

Suppliers should encourage target audiences to provide feedback on experiences with using the information for use and the supported products.

Suppliers can consider related information published by third parties to identify improvements or missing content in the suppliers' information for use.

7 Content of information for use

7.1 General

The order of subclauses in Clauses 7 and 8 does not imply that the information for use should be developed in this order or presented to the target audiences in this order.

The content of the information for use shall cover the needs of the target audiences for the safe, effective and efficient use of the product, applying the principle of minimalism.

Information for use shall describe the intended use of the product and provide information that helps the target audiences avoid unacceptable safety risks, malfunction of or damage to the supported product, or inefficient operation. Information for use shall provide the target audiences with the necessary information to identify and avoid reasonably foreseeable misuse of the product as identified in accordance with 6.2.7.

7.2 Identifiers

7.2.1 Identification of information for use

Information for use can be supplied through a set of information products. Each information product shall be unambiguously identifiable. It shall be designated by a unique identifier and reference information, including, where applicable:

a) title of the information product;

b) identification number;

c) date of issue;

d) revision number and date of issue of the revision of the information product, where applicable; and

e) identifier for the language.

NOTE ISO 639-2 provides standard codes for the names of languages, which can identify the various languages in information for use.

7.2.2 Identification of the supported product

Information for use shall clearly identify the supported product. The information for use shall display the unique identifier of the supported product, including, where applicable:

a) name;

b) serial number, type number or lot number;

c) version number;

d) information about the configuration; and

e) illustrations.

Where the product is in conformance with an international standard, this should be indicated. Where more than one product version is addressed by the information for use, the identifier of a specific version shall be clearly recognizable in the information for use and on the product, to facilitate identification. The relationship between content and operational features of different product variants should be unambiguous.

NOTE For information about identification requirements, see IEC 62507-1.

7.2.3 Identification of the supplier

Information for use shall indicate the supplier of the supported product. It shall therefore display:

a) name and address;

b) contact details such as telephone numbers, email address, hyperlinks and other possible means of communication; and

c) contact details of providers of special tools, material, authorized service centres for the product and technical assistance, if offered.

7.3 Importance of retaining printed information for use

If the information for use is delivered in paper form, the target audience's attention shall be drawn to the importance of retaining it for the intended lifetime of the supported product by a statement as shown by the two examples in Figure 2:

Example 1:

IMPORTANT
Read carefully before use.
Keep for future reference.

Example 2:

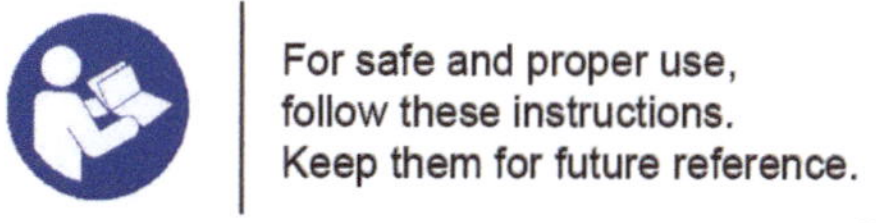

IEC

Figure 2 – Examples for notice to retain information

NOTE For the safety sign, see ISO 7010-M002:2011-05.

Replacement copies of information for use shall be made available from the supplier (for example, from a website) throughout the intended lifetime of the supported product.

7.4 Presentational conventions

Presentational conventions used in information for use shall be listed and explained when this convention is essential to understand the information, for example, the use of a particular typeface for text to be entered by the user, keyboard keys, or menu items.

7.5 Terminology

Consistent terminology shall be used throughout the information for use, on the supported product, and on its packaging. Ambiguities shall be avoided. Colloquial expressions and untypical regional variations of names and product features should be avoided.

Unless the supported product is intended for use by a target audience with specialist knowledge, terminology shall be explained, for example by adding definitions, links, references or glossaries.

If the information for use of a system contains documents from various other suppliers, consistency of all terms in all documents cannot always be achieved. In this case the supplier shall explain the meaning of the differing terms so that the target audience can easily relate the different terms in different documents.

7.6 Acronyms, abbreviations and technical terms

Unavoidable acronyms, abbreviations and technical terms not readily understood by the target audience shall be listed and explained.

7.7 Explanation of safety signs, graphical symbols and markings

Safety signs, graphical symbols, pictograms, and markings placed on the supported product and packaging shall be explained.

7.8 Product description

7.8.1 General description

Information for use shall contain a general description of the supported product so that the target audience can understand the essential functions of the product in the contexts in which it is intended to be used. The intended uses of products shall be clearly and unambiguously described, including the technical limits and conditions within which the product is intended to be used.

7.8.2 Visualization

In addition to the general description, a visualization of the supported product should be provided to help the target audience identify the product and its main functions.

7.8.3 Specifications

The product description shall include the following specifications where applicable:

a) complete measurements, for example, of mass, volumetric capacity, and performance;

b) information regarding electrical ratings (e.g. input voltage);

c) information regarding energy consumption, energy efficiency rating, insulation category, and IP code;

NOTE IP Code is defined in IEC 60529.

d) communication interfaces and protocols;

e) gas supply (for example, type, pressure); water supply and other relevant information on items such as cleaning agents, lubricants, and fuses (for example, type, rated value and characteristics);

f) by-products of use under specified circumstances, such as emitted noise level, waste discharge rate;

g) electromagnetic compatibility (EMC);

h) description of the type of intended user and, especially in the case of accessible design products, a clear statement of any special precautions that should be followed by the user;

i) standards, and legal and regulatory obligations with which the supported product complies;

j) notes on intended use and reasonably foreseeable misuse of the supported product;

k) description of the user controls and indicators applicable to the relevant component(s);

l) acceptable environmental conditions, such as ambient temperature or humidity; and

m) information about the year of manufacture, expiration date, and limitations on hours of use, if supported products have an intended limited lifetime, for example, for safety reasons, quality or economic performance.

For principles and methods for detailed specification of products, see IEC 62569-1.

7.9 Supplied accessories, consumables and spare parts

7.9.1 Accessories supplied with the product

The following information, as required for each supplied accessory, shall be included in the information for use:

a) name, part number;

b) illustrations to allow the target audiences to identify the accessory and where to attach it;

c) description of its function and purpose;

d) information needed to install the accessory, for example with an illustration, and how to use it; and

e) information needed to order a replacement.

7.9.2 Consumables

Where consumables are required, the following information shall be provided in the information for use:

a) description and recommended quantity of consumables and where applicable, the supplier's model name or part number, and a generic name;

b) an illustration showing the position of, or access to, the consumables (preferably in an exploded view);

c) information for removal and replacement or refilling;

d) information about disposal of consumables; and

e) information on when a consumable is no longer usable, for example, signs of material degradation or excessive storage time or number of allowable uses.

7.9.3 Spare parts

For products with replaceable parts, a list of spare parts shall be provided. The following information should, as appropriate, be provided for each spare part:

a) name, identification and serial number in the form used on the supported product;

b) supplier's part or type and version numbers as well as the name, reference and version numbers for branded parts, if different from the above;

c) illustration of the part and its position, preferably in exploded view;

d) sources of supply as well as alternative sources of supply for spare parts;

e) parts for which there is a refurbishing service available provided by the supplier or a service provider;

f) for industrial systems, identification according to IEC 81346-1 for components and locations where a spare part can be used as a replacement;

g) the year of manufacture or the year for the availability of the spare part if not given in a separate document; and

h) information about disposal of spare parts.

7.10 Information for use needed during the lifetime of the supported product

7.10.1 General

Where legal requirements, safety, or technical reasons prohibit the installation, operation, or maintenance of the supported product by non-skilled persons, this shall be made clear in the information for use. In such cases, the qualifications, competencies, and skills required shall be clearly stated in the information for use.

7.10.2 Re-packaging of the supported product

Where applicable, information for use shall include information on special precautions to be taken when repackaging.

7.10.3 Transportation and storage of the supported product

Where applicable, information for use shall include information for the protection of the supported product and the safety of persons during transportation and storage, for example:

- dimensions, mass, and centre of gravity;

- methods of lifting, handling and transportation (e.g., by indicating gripping points and lock-down screws) that can prevent damaging impacts and can help avoid strain injury to the user;
- storage requirements with associated ambient conditions, for example, humidity, storing flat, avoiding direct sunlight;
- storage of the supported product during transport before and after use; and
- methods for securing the supported product against unexpected shocks.

7.10.4 Installation of the supported product

Where applicable, information for use shall include information on installation, as follows:

a) what to do if the product itself or the packaging is damaged or unintentionally opened before use;

b) methods for the removal of transport packaging restraints and transit clamps;

c) procedures for unpacking (provided on the outside of the packaging) and for the removal and safe disposal of protective and preservative packaging;

d) a checklist of items included in the package;

e) minimum space needed for use, maintenance and repair;

f) a layout plan;

g) an interconnection diagram or table;

h) conditions for assembly and installation including earthquake-resistant considerations;

NOTE For self-assembly products, see 7.12.

i) methods, precautions and legal restrictions for connecting the supported product to power and water supplies, drainage and other auxiliary supplies; and

j) checking whether the product is properly installed and ready to perform safely and as intended by the supplier.

If a product is supplied to locations that prohibit the installation by non-skilled persons, the information for use shall state that installation requires special expertise and specify the needed expertise.

7.10.5 Commissioning of the supported product

Information for use shall include the information necessary for the commissioning of the supported product prior to its handing over in working order.

7.10.6 Modification of the supported product

Where modification of a supported product is not permitted, this restriction shall be clearly stated in the information for use, together with information about possible consequences resulting from a modification. These consequences can include invalidation of warranties and access to support services.

Where modification of a supported product is permitted, the information for use shall clearly describe and illustrate how to undertake such modifications or direct the target audiences to a source of relevant information.

7.10.7 Operation of the supported product

7.10.7.1 General

Information for use shall provide information on the following:

a) normal operation; and

b) exceptional and emergency situations.

7.10.7.2 Normal operation

Information for use shall, where applicable, include the following:

a) illustrations that clarify or reinforce understanding of the main functions and safety precautions;
b) information related to when and how the supported product should be used;
c) information about local or remote operation and how to switch between the two;
d) information about manual operation and automatic operation and how to switch between the modes of operation;
e) means of starting and stopping the supported product's operation;
f) initiating operations, checks, adjustments, or conditioning required prior to each occasion of normal use;
g) identification and correction of malfunctions; and
h) recommendations for waste disposal.

Information regarding operational control shall explain indicators of the operational state as appropriate regarding:

1) normal operation;
2) indications that the system has automatically switched to safe operation mode before a hazardous situation has been reached;
3) the current state of operation;
4) what to do when the control system itself has failed; and
5) whether the system is in manual, local, or automatic mode.

NOTE For software documentation for user guidance systems, refer to IEC 61506.

7.10.7.3 Exceptional and emergency situations

Information for use shall, where applicable, cover the following:

a) sequence of actions to be taken in the case of an unexpected interruption of power, cooling, control functions, or another emergency situation;
b) fault indication and its location;
c) restarting after an intervention;
d) the type of firefighting equipment to be used in the case of fire;
e) foreseeable emissions, leaks, or decomposition of harmful substances, together with associated warnings of the likely hazards and precautions for avoiding harm; and
f) first aid treatments recommended for foreseeable acute medical conditions that can result from the use of the supported product, for example, toxic shock, epileptic seizure or burns, and advice on subsequent professional medical treatment to be sought.

7.10.8 Indications of faults and warning device signals of the supported product

Recognizable indications of normal and abnormal operation and the recognition of signals from any warning devices shall be explained in instructional information that is accessible without the operation of the supported product.

Signals or displays intended to indicate impending risk of damage or imminent danger shall be readily comprehensible and unambiguous.

7.10.9 Meanings of signals of the supported product

The meanings of signals, such as flashing indicators, colour changes or audible signals shall be explained so that they are easily recognized and understood by the target audience.

NOTE Examples of signal signs are found in IEC 60073, ISO 7731, ISO 11429, ISO 15006 and ISO TR 16352.

7.10.10 Maintenance of the supported product by non-skilled and skilled persons

7.10.10.1 General

Separate information shall be provided for maintenance that can be performed by non-skilled and skilled persons, preferably as separate information products or topics.

7.10.10.2 Maintenance by non-skilled persons

If non-skilled persons are allowed to perform maintenance, the information for use shall include descriptions of those tasks with appropriate illustrations and an explanation of the nature and frequency of those tasks.

If some maintenance tasks need to be performed more frequently than others (e.g. every day) they shall be distinguished from periodic (short-term and long-term) maintenance and inspection activities.

Materials and tools used for cleaning, for example, appropriate chemical substances, cleaning cloths and brushes, shall also be specified. Possible risks arising from the use of inappropriate materials and tools shall be clearly specified.

When there are maintenance tasks that should not be attempted by non-skilled persons, the tasks shall be identified and information shall be given on how to contact the supplier or others to obtain technical assistance.

7.10.10.3 Maintenance by skilled persons

Information on maintenance by skilled persons shall include:

a) the nature and frequency of inspections;
b) safety precautions and warnings for maintenance carried out on running or live equipment;
c) drawings and diagrams enabling maintenance to be done effectively;
d) regular checking of warning devices;
e) details of cleaning methods;
f) required tools and materials;
g) safety hazards or problems resulting from corrosion or weakening of structural parts of the supported product;
h) schedules for planned periodic maintenance, or predicted maintenance based upon the results of the condition monitoring of the systems and components involved, or any combination of both methods; and
i) contact details of the supplier or others from whom technical assistance can be obtained.

7.10.11 Maintenance of complex systems

An overall maintenance and service procedure for a complex system such as an industrial plant should be drawn up by combining the maintenance and service procedures for key components.

Product maintenance includes procedures to prevent or correct errors. In systems, maintenance information includes the system as a whole as well as various subsystems and components, considering the required or expected system reliability and availability.

Maintenance information shall include the following:

a) safety precautions for performing maintenance such as complete or partial shutdown; and

b) procedures for accessing subsystems or components to perform maintenance, including means of emergency exit.

7.10.12 Troubleshooting and repair of the supported product by non-skilled and skilled persons

7.10.12.1 General

Separate information shall be provided for troubleshooting and repair that can be performed by non-skilled and skilled persons, preferably as separate information products or topics.

Contact details of the supplier or others from whom technical assistance can be obtained should be provided in a form that can be referred to without operation of the supported product.

7.10.12.2 Troubleshooting and repair by non-skilled persons

Where non-skilled persons are permitted to repair the supported product, the following information shall be provided:

a) method of repair without the risk of harm to persons or damage to the supported product; and

b) method for testing after the repair, if any test is required.

The information for use may include troubleshooting guidance or a list of frequently-asked-questions (FAQs), with appropriate illustrations, on the types of fault that non-skilled persons can reasonably be expected to attempt to repair.

7.10.12.3 Troubleshooting and repair by skilled persons

When repair of the supported product by skilled persons is permitted, the following information shall be provided:

1) method of repair; and

2) method for testing after the repair, if any test is required.

The following information shall be provided, where applicable:

a) list of indications for fault identification and its location;

b) list of indications of normal operation;

c) descriptions of built-in diagnostic systems to aid fault detection;

d) drawings and diagrams to enable troubleshooting to be carried out effectively;

e) directions for noting malfunctions of equipment, noting abnormal symptoms and indications, and recording operation of alarms and trips;

f) directions for starting standby or alternative systems, and for shutting down and isolating malfunctioning units;

g) repairs and adjustments;

h) aids for troubleshooting procedures, such as functionally identified maintenance systems, step-by-step fault diagnosis, algorithms, or, in complex systems, fault trees and computer-based fault diagnosis;

i) clear definition of troubleshooting and repair tasks that should not be attempted; and

j) contact details of the supplier or others from whom technical assistance can be obtained.

7.10.13 Replacement of parts of the supported product by non-skilled and skilled persons

7.10.13.1 General

Separate information shall be provided on replacement of parts that can be performed by non-skilled and skilled persons, preferably as separate information products or topics.

Contact details of the supplier or others from whom technical assistance can be obtained shall be provided.

7.10.13.2 Information on replacement of parts

Where replacement of parts is permitted, the following information shall be provided:

a) method of replacement without harm to persons or damage to the product;

b) method for testing after the replacement, if any test is required; and

c) source of spare parts.

If a refit of labels is necessary during the intended lifetime of the product, information about the locations of the labels and their replacement shall be given.

7.10.14 Disassembly, recycling, disposal of the supported product

7.10.14.1 General

Information for use shall provide information on disassembly, recycling or disposal of the product.

7.10.14.2 Disassembly

If disassembly by the target audience is permitted, information shall be provided, taking into account safety and environmental considerations.

7.10.14.3 Recycling

Where specific procedures are necessary for recycling of the product or its components, this information shall be provided in accordance with the appropriate legal requirements and standards.

7.10.14.4 Disposal

Information on disposal shall be provided, taking into account environmental and safety considerations, and legal requirements.

For products containing data or intellectual property such as software, the supplier shall identify in the information for use:

a) responsibilities concerning disposal;

b) determination of ownership of stored data and IT assets;

c) procedures to remove and retain or to destroy data and IT assets; and

d) procedures to confirm that data has been removed from data storage devices before they are recycled, or to physically destroy the devices.

7.11 Safety-related information

7.11.1 Types of safety-related information

Three types of safety-related information shall be separately identified:

a) safety signs and product safety labels;

b) safety notes; and

c) warning messages.

Safety-related restrictions concerning the use of the supported product shall be given in the information for use.

Safety-related information shall be incorporated into the information for the intended safe use of the product, including:

1) the intended environment;
2) type of application;
3) needed tools;
4) protective features of the product to be installed or activated;
5) safe use and disposal of the product;
6) working materials and consumables;
7) identification of permitted modifications of the product; and
8) procedures to maintain the product in a safe condition and to dispose of it safely.

7.11.2 Location of safety-related information

Safety notes shall be provided in a separate clause or section at the beginning of the information for use. This clause or section shall be identified and shall have a heading which emphasizes the importance of the content.

NOTE 1 It is not necessary and usually not helpful to place safety notes before the table of contents.

In step-by-step instructions, warning messages shall be given in the context in which a hazard is likely to occur.

If personal protective equipment is necessary, its information shall be described in the following places:

a) at the beginning of step-by-step instructions for a task that requires personal protective equipment; and

b) on the package and the product, where applicable.

NOTE 2 It is possible that product-related standards and legal regulations contain additional requirements.

7.11.3 Precautions for particular target audiences

Hazards for particularly vulnerable target audiences shall be identified at the beginning of the information for use. Such information shall be highlighted for emphasis. Vulnerable target audiences can include the following:

a) children;

b) older persons;

c) persons with disabilities;

d) persons with electrically controlled medical devices;

e) persons who suffer from allergic reactions to specific chemicals; and

f) persons who are sensitive to strobe lighting effects.

Appropriate warnings shall be provided where the use of the supported product has the potential to affect electrically controlled medical devices, such as heart pacemakers.

Advice shall be given to recognize adverse medical symptoms that are known to arise from the use of the supported product and to understand what preventive or remedial actions to implement.

7.11.4 Safety notes

Safety notes shall, as a minimum, indicate potential hazards and, if appropriate, their causes; the probable consequences of not avoiding them; and how to avoid such hazards.

Safety notes shall start with a general statement that highlights the importance of reading them.

EXAMPLE: To avoid possible harm, read and follow these instructions.

Safety notes shall include information covering:

a) identification of hazards with appropriate graphics, including:
   1) reasonably foreseeable misuse;
   2) inadvisable modifications of the product;
   3) when the product is no longer safe to use due to effects of wear or damage;
   4) radiation, including any sealed hazard, for example, sources of ionizing radiation, laser (in accordance with IEC 60825-1), microwave, ultraviolet, infrared and lethal voltages;
   5) substances which are carcinogenic, mutagenic or reprotoxic or other substances for which there is scientific evidence of probable hazard to human health; and
   6) emitted sound pressure levels;
b) harmful potential consequences of unsafe use;
c) safety precautions (means of avoiding hazards), such as protective clothing or goggles; restrictions on the personnel who can use the product, for example, by training, skills, or age; observance of product controls and messages; safety signs and labels; safekeeping of keys and passwords; and
d) means of recovery from hazards, including emergency procedures and use of emergency equipment.

7.11.5 Warning messages

7.11.5.1 General

Warning messages shall, as a minimum, concisely indicate potential hazards, and if appropriate, their causes; the probable consequences of not avoiding them; and how to avoid such hazards. Each warning message shall be placed either before the first step or incorporated just before the relevant step of a step-by-step instruction. If the information about the consequences of the hazards or the avoidance measures is readily understood by the target audience, this information may be omitted in the warning message itself. Warning messages on how to avoid hazards shall be concise. Detailed safety procedures should be presented elsewhere in the information for use as applicable.

NOTE Sometimes related hazards can be treated in a single warning message.

7.11.5.2 Design

The design of the warning messages shall be consistent and warning messages shall be made conspicuous and prominent. The following shall be taken into account:

a) start with signal words;
b) limit the text and illustrations to the essentials;
c) make the location, content and style of the warning messages conspicuous;
d) make warning messages visible to the target audiences and to any other people exposed to hazards, from their position during use, and at the right time; and
e) place warning messages as determined by the risk assessment.

7.11.5.3 Signal words for harm to persons

Signal words should be used.

EXAMPLE: Signal words are set out in ISO 3864-2, as follows:

DANGER: Signal word used to indicate an imminently hazardous situation which, if not avoided, will result in death or serious injury

WARNING: Signal word used to indicate a potentially hazardous situation which, if not avoided, could result in death or serious injury

CAUTION: Signal word used to indicate a potentially hazardous situation which, if not avoided, could result in minor or moderate injury

However, such distinctions can be too subtle to affect behaviour (or to be translated). In certain circumstances, signal phrases such as "DANGER OF DEATH", "RISK OF BLINDING", or "BEWARE OF FUMES" can be more effective at drawing greater attention to some instructions or safety information than signal words.

7.11.5.4 Signal words for damage to property

Potential risks of damage to the supported product (or to other property) should be indicated by other signal words such as "NOTICE", "ATTENTION", or "TAKE CARE" that are appropriate to the potential damage or to the precaution advised.

7.11.6 Safety-related information in quick-start guides

Quick-start guides shall include safety-critical information relevant to the tasks described in the quick-start guide. These shall also make clear to the target audiences why and when they need to read additional safety-related information in the information for use.

Quick-start guides shall include reference to the detailed safety-related information in the instructions. The reference shall be unambiguous and presented conspicuously at the beginning of the quick-start guide together with the general warning sign (ISO 7010-W001:2011-05) or a signal word. The text of the reference shall describe the possible consequences of not complying with the general safety messages.

7.12 Instructions for assembly of self-assembly products

The instructions for assembly of self-assembly products shall present the sequence of assembly actions in the form of one-step-at-a-time sequence of illustrations, each accompanied by text positioned adjacent to that step. Where necessary, explanatory or advisory information and warnings shall be provided. Additional supporting assembly guidance may be provided in other media, for example video demonstrations. The information for use shall specify instructions for each assembly step as follows:

a) the components and other objects involved in that step;
b) how components are to be aligned and oriented;
c) the actions the assembler needs to perform to shape, attach or connect the components;
d) the appropriate tools required;
e) safety precautions to take or foreseeable errors to avoid during this step; and

f) how to confirm correct mating of components and that their attachment has the required strength.

Consumers find it easier to understand assembly actions illustrated in 3-dimensional line drawings than in photographs or 2-dimensional views. The directions in which components need to be aligned or moved towards mating points should usually be indicated by arrows.

If assembly or erection requires special skills, this shall be clearly indicated in the information for use by a warning such as "for assembly by a qualified electrician" or "assembly by adults required".

Foreseeable errors by an assembler that probably compromise the safety of the completed product – or the safety of a person while undertaking the assembly – shall be subject to risk management (see 6.2.7). Assessment of whether the instructions adequately address these risks should include usability testing. See also 6.3.3.

7.13 Information for use for a complex system

The configuration of the relevant components of a complex system provides new functions and conditions to be addressed beyond the information for use of each subsystem and component.

For complex systems, each system as a whole shall include information for use, including restrictions for use and safety notes on the overall system level. For operational tasks, the step-by-step instructions for a system shall be structured to present the users' tasks, not only to describe the relationship of the system components.

NOTE IEC 81346-1 presents one way of structuring descriptions of complex systems, according to descriptions of the subsystems and components.

7.14 Information security and data privacy

7.14.1 General

Where products contain data, the supplier shall include instructions for features intended to protect the confidentiality, integrity, and availability of data from loss or misuse. For remotely controlled or network-connected products, information for use shall include features to avoid misuse or unauthorized access (hacking), such as changing default passwords.

EXAMPLE User controlled product settings for protection or exposure of personal data.

7.14.2 Functions for access control or protection of sensitive data

The most common methods of providing information protection or assurance shall be taken into account when creating, exchanging, delivering or storing information.

These are:

a) Encryption: a software-based security solution for protecting data from unauthorized access or theft. However, the information can be corrupted by malicious programs or an intruder making the information unrecoverable. Hardware-based security solutions can prevent read and write access to data and hence offer protection.

b) Backups: used to retrieve data which is lost from another source. It is therefore essential to have backup systems in place.

c) Data masking: the process of obscuring (masking) specific data within a database table or cell to ensure that information security is maintained and sensitive information is not exposed to unauthorized personnel.

d) Data erasure: a method of overwriting information that completely destroys all electronic data residing on a hard drive or other digital media to ensure that no sensitive information is leaked when an asset is retired or reused.

ISO/IEC 27002 should be taken into account when considering the issue of data security in information.

7.15 Training

Where training is required for the target audiences, this shall be specified in the information for use.

8 Structure of information for use

8.1 General

Information for use shall be structured so as to enhance its usability and comprehensibility, with, as applicable, features allowing for easy search, convenient navigation, and unambiguous understanding of its contents.

Where general information for use is likely to be lengthy or complex, it shall be clearly divided into convenient parts, and shall have a consistent format.

Information for use should be separated into chapters or sections if there are distinctly different target audiences, for example, installers and repair technicians.

For printed information for use comprising multiple documents, the information on the front covers or spines shall make it easy to distinguish one document from another.

NOTE Further information on structuring and documentation can be found in IEC 81346-1 and IEC 62023.

Where supplementary information is provided, it may be indicated on a prominent place of the information for use.

If supplementary information is available, the information for use can provide a location at which it can be accessed, for example a link to a website containing supplementary information.

A system can consist of different elements from various suppliers. If a supplier of such a system develops the information for use for the system, the supplier may integrate the provided information for use of the elements as a part of the overall information for use.

The following shall be considered when information from multiple sources is integrated:

a) consistent document numbering;
b) methods of integration of information for use, for example, integration of a copy, adaptation of the content, cross-reference to the source document, or a specific section in the source document; and
c) keeping terminology consistent or using cross-references.

8.2 Information types

Information for use should be allocated in its functional structure to predefined information types, such as:

a) conceptual information. This information type includes the following:
   1) information about the information for use itself;
   2) description and identification of product and components;
   3) description of controls and displays;
   4) process description (use case or concept of operation); and

5) safety note.

b) instructional information. This information type includes the following:

   1) step-by-step procedure (e.g. for assembly, installation, maintenance tasks); and

   2) warning message (as part of the procedures).

c) reference information. This information type includes the following:

   1) title page information;

   2) legally required information;

   3) troubleshooting;

   4) maintenance schedule;

   5) table of contents;

   6) glossary of terminology; and

   7) index.

8.3 Structuring

8.3.1 General

Structuring means allocating information to an information model or framework in accordance with the principles and detailed requirements in this document. Information for use shall be structured on all levels of information:

a) a set of information products if there is more than one information product;

b) the information product; and

c) the information type.

To help to ensure consistent structure, rules should be defined and applied to the information for use.

NOTE At an additional level, structuring can be applied to elements, such as sentences, figures, media objects, and mark-ups of specific object types.

Appropriate rules for the structure shall be applied on each level as far as applicable.

8.3.2 Use of information models

There are three approaches for the structuring of content listed below, one of which should be applied:

a) developing an information model by using a structuring method;

b) using an existing information model, for example an open source information model; and

c) adapting an existing information model by using a structuring method.

8.3.3 Use of leading criteria

Selection of leading criteria for structuring should depend on factors such as the supported product, the information product and the target audiences. Examples for leading criteria are listed in Table 2:

Table 2 – Structuring principles

Principle	Consideration for subdividing and arranging topics
Task	in the order that tasks are performed
Product	the product's functions or elements
Product life cycle	stages, e.g., shipping, installing, operating, servicing, repairing, disposing
Target audience	segmentation of information according to audiences' information needs
Cognitive	important first, from simple to complex
Parameter	alphabetic sort for ease of reference, e.g., parameter lists, indexes

8.3.4 Detailed structure of step-by-step instructions

8.3.4.1 General

Step-by-step instructions shall include preliminary information, instructional steps, and completion information.

8.3.4.2 Preliminary information

Preliminary information shall include the following:

a) a brief overview of the purpose of the procedure and definitions or explanations of necessary concepts not included elsewhere;
b) identification of technical or administrative activities required before starting the task;
c) a list of resources the target audience needs in order to complete the task, which can include tools, other people, data, documents, passwords, or additional software or equipment; and
d) relevant warnings, cautions, and notes that apply to the entire procedure.

Preliminary information common to several steps can be grouped and presented once to avoid redundancy.

8.3.4.3 Instructional steps

Instructional steps shall be numbered using Arabic numerals and presented in the order of performance.

Relevant warning messages and cautions shall be provided before the applicable instructional steps.

Each step provides a single action. Instructional steps shall indicate the expected result or system response and explain error messages and recovery procedures which could occur.

Lengthy or complex step-by-step instructions should be segmented. Alternative or repeated steps should be clearly indicated, to enable the target audiences to determine which alternate or repeated steps to perform or skip and where to rejoin the main procedure.

Notes should indicate steps where reference information should be consulted (e.g. special codes or commands), or steps requiring special attention or where errors are common.

In English, French, and other languages where the imperative exists and is culturally acceptable, the instructional steps should use the imperative form to describe the target audience's action.

8.3.4.4 Completion information

Information for use shall indicate the end of a set of step-by-step instructions. It should explain how the target audience determines that the procedure has been successfully completed (this is often a consideration in product design and testing), and may include references or links to related topics, such as subsequent tasks or troubleshooting.

8.4 Navigation and information delivery

8.4.1 General

Information for use shall include elements that make it easy to navigate the contents, as specified in the remainder of 8.4.

8.4.2 Navigating printed information for use

8.4.2.1 Page numbering

Where information for use comprises more than two (printed) pages, the pages shall be numbered. A numbering as (n) of (m) where (n) indicates the actual page number and (m) the total number of pages may be used.

8.4.2.2 Table of contents

Information for use that exceeds 12 pages shall have a table of contents unless it can be demonstrated not to be necessary. Headings and page numbers appearing in the table of contents shall be the same as those used in the text. The table of contents should have enough levels to help the target audience to find information efficiently but not exceed four levels of headings.

8.4.2.3 Index

Where information for use is lengthy and complex, an index of keywords presented in alphabetical order should be included. The index shall be referenced in the table of contents.

NOTE More information about indexing can be found in ISO 5963.

8.4.3 Dynamic delivery

8.4.3.1 Individualized delivery

If possible, only the particular piece of information needed to attain a specified goal or perform a specific action should be displayed to the target audiences. Additionally, full information regarding a supported product should be delivered to the target audience by a separate method.

If topics in the information for use are restricted to specific target audiences (e.g., paid customer, user group or user profile), the information delivery system should limit access to the allowed target audience.

8.4.3.2 Context sensitivity

If context information (e.g. geographical data, voice data or visual patterns) is accessible by the individual's electronic device, the information for use may use the context information to deliver more precise information to the target audience, subject to their consent.

8.4.3.3 Search functions

A mechanism for electronic search shall be provided in information for use delivered electronically. A search function shall at a minimum include text strings. The search function should not only be based on full text search, but also be supported by search algorithms, taxonomies, thesauruses, and other available technologies.

8.4.3.4 Links to related topics

If appropriate, each topic of electronic information for use may be linked to other relevant topics, but any linking shall not distract or demotivate the target audiences. Different electronic media (e.g. text, video, or auditory elements) dealing with the same or similar subjects, shall be linked or cross-referenced so that they can be used together if appropriate.

External links (URLs) are considered volatile and should not be used as the only way of referencing, although they may be supplied as an additional service.

In printed information for use, the complete URL for related information should be included for ease of reference.

9 Media and format of information for use

9.1 General

The supplier shall set editorial style conventions for the format of information for use and for the media to be used. The supplier shall determine the media and format of the information for use according to the nature of the target audiences and based on their needs. The media and format shall allow easy access to information for use throughout the intended lifetime of the product.

The following are examples of possible media for information for use:

- text, photographs, safety signs, graphical symbols and illustrations;
- video (including auxiliary means such as audio and subtitles);
- animated illustrations and 3D-models controllable by the user;
- speech;
- braille, tactile figures, signs or other visible hand gestures;
- augmented reality (information embedded in an electronic representation of the current environment);
- virtual reality;
- combinations of the above;
- leaflets (e.g. paper, plastic), stapled booklets or bound manuals with text and illustrations; and
- printed information for use on the packaging or on the product itself (as permanent marking or peelable tag); and printable versions of documents which are made readable on-screen through a file exchange format in which the layout matches that of the printed version.

When any part of the information for use is made available on the Internet, both the presentation and the necessary methods of navigation should conform to ISO/IEC 40500:2012.

9.2 Durability of chosen media

Information for use printed onto or moulded into the supported product shall remain legible throughout the intended lifetime of the supported product.

Information for use given only on packaging or in materials accompanying the supported product shall be in durable form and be able to survive frequent use during the intended lifetime of the supported product and in the environment where the supported product is intended to be used.

9.3 Use of animation or audio-visual demonstrations

Duration, information density or complexity of electronic sequences shall be adapted for the target audience.

Information for use in electronic media form shall follow the order of activities that the target audience has to perform. Animation sequences shall be accompanied by synchronized spoken or written text, or both.

Advertising or promotional content shall be kept separate from the information for use and viewing of such content shall not be required prior to viewing the information for use.

Where complex processes need to be explained, a sequence of visual and auditory elements can help to understand the nature of the task.

9.4 Location and availability

Information for use shall be given in one or more of the following locations as appropriate:

a) inside the packaging of the supported product;
b) on or within the supported product;
c) on the packaging – but not only on the packaging;
d) on websites provided by suppliers or others; and
e) as separately provided collateral documentation.

Information concerning installation, troubleshooting, repair, performing recovery actions, and contacting technical support shall be provided in a form that is available when the supported product is not operating.

If the information for use is complex, important messages should be displayed on the supported product in addition to the locations set out above, for example, by means of short reference or reminder cards, stickers, illustrations, or labels.

9.5 Printable information

Page design applies to printed documents and electronic documents which can be printed.

Page design should include consideration of the following:

a) legibility when printed on common paper sizes (e.g. A3, A4, A5);
b) number of pages required to deliver complete information; and
c) number and size of photographs, safety signs, graphical symbols, diagrams, and tables.

9.6 User interaction and search features

Electronic media applications shall take advantage of dynamic navigation and presentation devices to facilitate rapid location, comprehension, and, where appropriate, printing of the required information.

Electronic media applications shall provide navigation systems (preferably tree-like) that facilitate free movement within an application, as well as access to individual sections of the application. Menus, buttons, hyperlinks, breadcrumb trails, and bookmarks shall be provided to enable orientation and interaction with the system.

NOTE A breadcrumb trail is a navigational aid with a displayed series of hyperlinks which lead from the home page to the current page, allowing the user to return to previously viewed pages.

Electronic information shall be searchable. The search features should allow common synonyms to be found. The search feature should also show results in the case of common misspellings.

9.7 Downloadable information for use

If information for use is intended to be downloaded in electronic form, it shall be provided in a form that allows for display on commonly used devices and operating systems. In this case, websites from which information for use can be downloaded shall:

a) provide either the software needed, or a link for downloading the required viewing software; and

b) allow downloading at any time.

NOTE More information can be found in ISO/IEC/IEEE 23026.

9.8 Suitability for the conditions of use of the supported product

The conditions of use of the supported product shall be addressed when choosing the media and format for information products. Table 3 lists examples of considerations for the choice of media, depending on the conditions of use of the supported product.

In case of doubt, the adequacy of media shall be tested using the information for use in a realistic scenario.

Table 3 – Examples of considerations for the choice of media

Conditions of use of the supported product	Inadequate media for the information for use
Low-light conditions	Text without light (paper, electronic ink)
Noisy environment Ear protection	Speech
Wetness, humidity Cleanroom conditions	Paper

9.9 Consistency of format

Consistent format shall be used throughout the information for use, for the user interface, data elements, field names, functions, pages, topics, and processes.

Agreed formatting conventions shall be applied consistently throughout the information for use. These include colours, borders, indenting, spacing, and font variations.

9.10 Legibility, readability and comprehensibility

9.10.1 Text font sizes and heights of safety signs and graphical symbols

Text fonts, safety signs and graphical symbols shall be clearly legible for the target audiences, whether printed, integrated with the supported product, or computerized.

Recommended minimum text font sizes and heights of safety signs and graphical symbols are listed in Table 4. The text font size shown in Table 4 are applicable for printed material, including product labels. Where electronic displays cannot be enlarged, equivalent text sizes should be used.

NOTE The best legibility is achieved when optimizing the relationship between variables, including type font, font size, contrast, number of characters per line (approximately 70 in Latin characters) and line spacing (minimum 120 % of type size in Latin characters).

Where measures such as bold lettering, underlining, or upper case and italic lettering are used for emphasis, these measures shall be used carefully and sparingly so as not to reduce legibility.

Suppliers shall make provisions for a target audience with sight or hearing impairments to access information for use.

Table 4 – Minimum recommended text font sizes and heights of safety signs and graphical symbols

NOTE The term "point" (abbreviated here to "pt") is a unit of measurement of type sizes and spacing. There are several kinds of standards. However, "DTP point" is adopted in this document which is 0,353 mm or 1/72 inch.

Product/ information document size	Location and role of instruction	High contrast dark text on light background	Low contrast colours or white on black	Complex character sets (e.g. Kanji)	Other remarks	Safety signs and graphical symbols: Symbols generally	Safety signs and graphical symbols: Safety signs
Instructions viewed from up to 1 m distance on floor-standing products	Critical on-product markings	14 pt bold **BE68.3 1,0QGO aeocld**	16 pt bold **BE68.3 1,0QGO aeocld**		Consider using large print fonts specially developed to help people with visual impairments to read signs and labels at 30 cm to 100 cm	As required by standards/regulations Otherwise according to viewing distance from which attention needs to be attracted or the symbol needs to be recognized. Less than 15 mm height unlikely to be sufficient for critical on-product markings	
	text	14 pt	16 pt				
Instructions on desk-top products, information in printed manuals or single-fold leaflets and documents intended for printing by user	Critical on-product markings	14 pt bold **BE68.3 1,0QGO aeocld**	16 pt bold **BE68.3 1,0QGO aeocld**				
	Headings	12 pt BEFPR 68.391,0 QGOC aeocld	14 pt BEFPR 68.391,0 QGOC- aeocld		Serif fonts may be used (but sans-serif preferred)	5 mm min. height (or 14 pt): e.g. ☺	10 mm min. height: e.g.
	continuous text	10 pt BEF68.39 aeocld	12 pt BEF68.39 aeocld			Do not use safety signs or graphical symbols in < 14 pt continuous text	
Hand-held products and multi-fold instruction sheets	Critical on-product markings	12 pt BEF68.39 1,0QGOC aeocld	12 pt bold **BEF68.39 1,0QGOC aeocld**	9 pt with 150 % line spacing 電気 規格		5 mm min. height	10 mm min. height
	Headings, decimals	10 pt BEFPR 68.391,0 QGOC aeocld	12 pt BEFPR 68.391,0 QGOC aeocld		Use only sans-serif fonts at this level and below	Pref. min. 5 mm; 4 mm/12 pt if very simple	10 mm min. height[(a)]
	continuous text	9 pt BEFPR 68.391,0 QGOC aeocld	Not advised for text smaller than 12 pt		**Electronic, audio or LARGE-PRINT media should be available on demand** (e.g. from website or point of sale)	Do not use safety signs or graphical symbols in < 14 pt continuous text	
Very small products and packaging (e.g. with printable surface < 10 cm^2)	Markings, headings, warning messages, decimals	8 pt BEFPR 68.391,0 QGOC aeocld		8 pt with 150 % line spacing 電気 規格		Pref. min. 5 mm; or 3 mm if very simple ☺	10 mm min. height[(a)]
	continuous text	6 pt BEFPR 68.391,0 QGOC aeocld				Do not use any symbols in < 10 pt continuous text	

[(a)] except for the general warning sign (ISO 7010-W001:2011-05) accompanying a text warning, which may be: 5 mm minimum as a marking and 3 mm minimum in headings to text.

9.10.2 Maximum brightness contrast

For printed, embossed or engraved information for use, the brightness contrast (ratio of reflectance of the bright part over reflectance of the dark part) shall be as high as possible.

Contrast requirements for text displayed on visual display terminals shall be in accordance with ISO 9241-300.

9.10.3 Information for use provided on the supported product or packaging

The location of on-product information for use and the angle between its surface and the vertical plane shall be such that it is easily legible from the intended position of the user or initial encounter. Where a supported product is intended for a target audience with particular needs, this should be taken into account when determining the location of information for use.

Information for use on packaging should be visible and legible when the package is in the upright position.

The advantages in terms of durability and production of incorporating information for use in the material (i.e. moulded-on) of the supported product should be weighed against the disadvantages of loss of contrast and legibility.

NOTE Incorporating information for use in the material of the supported product generally produces an inferior result compared with that of good quality printing.

9.10.4 Minimum heights of safety signs and graphical symbols

Minimum heights for safety signs and graphical symbols are listed in Table 4. The heights of safety signs and graphical symbols should not be smaller than these heights unless smaller heights are unavoidable because of the dimensions of the supported product. Smaller heights should only be adopted after careful consideration of possible safety consequences for the target audience.

9.10.5 Rules for simple wording

Information for use should be written in simple, clear, direct phrases within short sentences on the principle of "one expression, one simple meaning". Colloquial expressions and uncommon regional variations of names and product features should be avoided.

9.10.6 Function of information sections

The function of information sections (for example, the description of the product or information about troubleshooting) should be readily identifiable. Different kinds of information should be clearly identified.

9.11 Use of visualization

9.11.1 Graphical symbols and safety signs

Where applicable, graphical symbols in diagrams shall conform to IEC 60617 and to ISO 14617 (all parts). Symbols in flowcharts shall conform to ISO 5807. If a graphical concept is represented by a graphical symbol registered in ISO 7000 or IEC 60417, the registered graphical symbol shall be used.

NOTE Rules for drawing-specific diagrams are given in IEC 61082-1, ISO 5807, and ISO 15519-1.

Graphical symbols and safety signs provide a language-independent means for conveying safety information. Only registered safety signs in ISO 7010 shall be used in information for use.

Safety signs shall comply with the design principles (including shapes and colours) specified in ISO 3864 (all parts).

Safety colours specified in ISO 3864 (all parts) shall be used only for safety signs.

9.11.2 Illustrations

Where a sequence of operations is described, the text and illustrations shall follow the operational sequence. Illustrations shall be placed as close as possible to the text to which they relate, so that they can be viewed adjacent to the relevant text.

Where illustrations need explanatory texts, the text shall be placed adjacent to the illustration. A sequence of illustrations should be logical and comprehensible. Related text and illustrations should both be viewable at the same time, each supporting the other to enhance comprehensibility.

Illustrations should be suitable for the target audiences in the target cultures. Illustrations should be composed so as to focus attention on important details and to be self-explanatory. Illustrations should be chosen or designed individually for each purpose by a competent graphic artist or technical illustrator. The print quality or screen resolution of illustrations should encourage rapid recognition. Resolutions below 72 dpi can significantly impede clarity. Resolutions above 300 dpi are preferable.

9.11.3 Information content of illustrations

Information overload in illustrations shall be avoided. Illustrations should normally provide only information relevant to describing the related function. Illustrations or detailed part(s) of these should be repeated in the relevant part(s) of information for use as needed.

9.11.4 Illustrations with captions

Illustrations should be identified and supplemented with captions. There shall be a clear relationship between the illustration(s) and the captions. Related illustrations and captions should be located in similar positions (e.g., illustration over caption, or caption over illustration, not mixed). Captions should be numbered for clear reference from the main text.

9.12 Use of tables

Tables shall be set out clearly, informatively, and in a consistent design. Tables shall be positioned next to the relevant text, except that extensive reference tables may be placed in annexes.

9.13 Use of colours

If the target audience includes people with colour-deficient vision, colours should be used only as a supplementary means of drawing attention to particular sections of information.

Information shown in contrasting colours should remain distinct if the target audience prints it on a monochrome printer.

9.14 Use of icons

Icons should uniquely represent objects or functions. Different icons should never be used for the same object or function. Similarly, different objects or functions should not be represented by the same icon. If an icon represents changes in the status of an item, the metaphor should be used consistently.

NOTE IEC 62744 provides information on how to use icons to present information on the behaviour of a supported product.

9.15 Attracting attention to safety-related information

9.15.1 General

Safety-related information shall be emphasized by means such as an initial signal word (see 7.11.5.3 and 7.11.5.4) in larger or different type font or size, use of colours, safety signs or graphical symbols, lines, indents, or other means of making it conspicuous.

Warning messages about hazards or restrictions on use are crucial for safety and shall be displayed at least as prominently as the other information in documents issued with the supported product.

EXAMPLE: **NOT suitable for children under three years of age.**

Safety notes shall be emphasized by a headline that identifies the subsequent material as safety-related. Safety notes shall be placed in the information for use in a prominent position before the use of the supported product is addressed in the information for use. In printed information for use, safety notes shall be presented in the front part and before information for transport, assembly, operation, etc., is given.

If warning messages are integrated between the steps of a procedure, the formatting (especially excessive highlighting) of the warning message should not distract the target audience from reading the information.

Warning messages displayed on a screen shall be visible for the whole time where they are relevant. Displayed warning messages may require user acknowledgement before they are removed from view.

Illustrations intended to convey safety-related information shall use colours, shapes, positioning or other means to make the information conspicuous. Where appropriate, safety signs and graphical symbols should be used to emphasize key messages (see 9.11.1).

9.15.2 Durability and visibility

Warning messages shall be visible for the intended lifetime of the supported product. When colours are used in warning messages, avoidance of discoloration and fading shall be addressed during the preparation of information for use.

10 Professional competencies

10.1 General

The creation of information for use shall be assigned to competent persons. Organizations should analyse their content creation process, identify the tasks to be performed to achieve the required results, evaluate the competencies which are needed to perform these tasks successfully, and designate the tasks and responsibilities to persons who cover these competencies. Responsibilities should be assigned to separate persons where the size of the organization permits.

The extent to which tasks and roles can be differentiated depends on the resources available to the organization. In some cases, only one person may be assigned to cover all tasks and take most of the roles and responsibilities. In larger organizations, teams or departments for the creation of information for use can be established.

10.2 Task-related competencies

To maximize the comprehensibility and safe use of a product, tasks related to information for use shall be assigned to competent persons. The creation of information for use should involve the following task-related competencies:

a) conduct research and analyse the life cycle of the supported product, the target audiences (the users of the product), the information that has to be given, and the language(s) in which the information will be used;
b) develop standard processes and methods for developing information products efficiently, effectively and in a consistent way;
c) develop a content strategy and a concept for the media for delivery of the information for use, defining appropriate content structures templates, and styles; check that existing information products are valid and up to date;
d) implement necessary enabling systems, for example for content management and information management;
e) gather safety-related information from the developers of the supported product;
f) develop written, audio, or visual content, including safety-related information;
g) perform proofreading and checking of the information for use;
h) use the appropriate methodologies and tools to make the information management process more efficient and effective;
i) organize translation and localization of the information for use;
j) approve and test information for use according to formal and functional quality and usability standards and criteria, and validate the correctness of the content;
k) produce output media or instructional applications and make the information for use ready for delivery;
l) analyse the way in which the target audience benefits from the information for use by appropriate methodologies and tools such as website statistics, empirical tests and social media feedback; and
m) provide leadership, make project plans, manage service providers, and communicate with developers and customer-facing associates within the supplier's organization.

The competent persons responsible for the information for use should be assigned to designated roles within the information creation process.

10.3 Level of proficiency

10.3.1 General

Various levels of proficiency should be identified. The following subclauses show a typical scheme for proficiency levels.

10.3.2 Proficiency level 1

Responsibilities of proficiency level 1 should include the use and application of relevant standards to define the information structure and develop or update information. This involves:

a) a wide range of theoretical and factual knowledge in the area of work;
b) a set of cognitive and practical skills to find solutions to specific problems;
c) the ability to accept responsibility for accomplishing work; and
d) adapting one's own behaviour to suit the relevant circumstances when problem-solving.

10.3.3 Proficiency level 2

Responsibilities of proficiency level 2 should include the ability to determine the requirements for the information products, taking into account the purpose and domain to which they apply. This involves:

a) extensive, specialist theoretical and factual knowledge in the area of work and an awareness of the limits of this knowledge;

b) practical abilities, such as extensive cognitive and practical skills to devise creative solutions to abstract problems;

c) the ability to act autonomously within the guidelines of work contexts that, as a rule, are generally known but nevertheless liable to change; and

d) overseeing the routine work of other persons, accepting a certain amount of responsibility for assessing and improving their work.

10.3.4 Proficiency level 3

Responsibilities of proficiency level 3 should include the ability to manage the process of information creation, develop content strategies, take responsibility for conformity to applicable standards and policies, and lead information development teams. This involves:

a) advanced knowledge of a field of work, involving critical understanding of theory and principles;

b) practical abilities such as advanced skills, demonstrating mastery and innovation, needed to solve complex and unpredictable problems in the specialized field of work; and

c) the ability to manage complex technical or professional activities or projects, taking responsibility for decision-making in unpredictable work contexts; and for managing professional development of individuals and groups.

10.4 Competencies of translators

When information for use is translated from the original language into a target language, competent translators or language specialists shall be responsible for the translation, including checking and proofreading.

Translators should have basic competencies as in 10.3.2 and should be fluent in both the original and the target language. They should be native speakers in the target language and should be familiar with the type of product and any product-specific terminology.

Annex A
(informative)

Guidance on evaluation

A.1 General

Annex A provides guidance on methods for evaluating the fulfilment of requirements of this document. As stated in 4.1, the requirements of this document are of two kinds, which may be assessed using the following methods:

a) fulfilment of requirements with regards to the information for use:
   1) comprehensiveness check;
   2) inspection for effectiveness (desk check); and
   3) empirical effectiveness check;
b) fulfilment of requirements with regards to the information management process:
   1) process assessment; and
   2) competency assessment.

NOTE A legal check and checks for compliance with internal documentation and product-specific standards can also be useful. Legal requirements for the retention of internal product documentation in the jurisdiction where the supported product is marketed can be researched and assessed. This can result in a traceable list of requirements and allow the information for use to be assessed on the basis of those requirements.

A.2 Assessing fulfilment of requirements for information for use supporting a particular product

A.2.1 Comprehensiveness check

Fulfilment of the requirements in Clause 7 should be assessed by a suitably qualified and experienced person conducting a comprehensiveness check to assess whether or not the required content has been included in the information for use. If any requirements in Clause 7 are not applicable to the supported product, the evaluation record should so state, with reasons, for example, the requirement that the weight of a product has to be specified is not applicable for downloaded software. For such requirements, the result may be N/A (not applicable).

A.2.2 Inspection for effectiveness (desk check)

Fulfilment of the requirements in Clauses 8 and 9 for structure, media and format of information for use should be evaluated by a suitably qualified and experienced person. Where fulfilment of a specific requirement is incomplete, but overall the information for use is judged as fulfiling Clauses 8 and 9, the reasons should be explained in the record, referring to the principles in Clause 5.

A.2.3 Empirical effectiveness check

Empirical evidence should be used to demonstrate that the information for use is effective for the target audience. For examples of empirical methods, see Table 1.

Empirical effectiveness checks should be designed as usability tests of the information for use, together with the supported product. Where the complexity of a product creates difficulties in performing usability tests, empirical effectiveness checks may be performed by experts following and understanding the information for use together with the supported product.

A.2.4 Useful additional checks

A.2.4.1 Residual risk check

The information for use should be evaluated to determine if residual risks from the product risk assessment have been addressed. For example, it should be checked whether the information for use include appropriate warnings for hazards.

A.2.4.2 Product-specific standards check

Information for use should conform to the relevant product-specific safety standard(s).

The relevant product-specific safety standards should be researched and evaluated in advance. A traceable list of requirements should be created; the information for use then should be assessed on the basis of the list of requirements.

Records of the research and evaluation of relevant product-specific standards against which the information for use was compared should be prepared and retained.

A.3 Evaluating the fulfilment of requirements for an information management process

A.3.1 Process evaluation

Fulfilment of the requirements in Clause 6 should be evaluated by a suitably qualified and experienced person. Records of the evaluation should provide evidence that the process of information management meets the requirements of this document.

The process evaluation should be repeated when the process is changed.

Methods of evaluation can include questionnaires, interviews with managers and other responsible persons, access to artefacts from the relevant information systems, and inspection of the internal documentation.

NOTE ISO/IEC 33001 provides requirements for process assessment.

A.3.2 Competency evaluation

The competencies of the technical writers responsible for the development of information for use, including checking and proofreading, should be evaluated. It is reasonable to perform the competency evaluation together with the process evaluation. The evaluation should consider interviews, documented evidence showing education or experience, continuing training certificates, and a training plan showing continuing training of technical writers on relevant topics.

A.4 Guidance on conducting an evaluation

A.4.1 Result of the evaluation and corrective actions

The results of each part of the evaluation should be documented, together with overall judgement as to fulfilment of requirements and a listing of corrective actions considered necessary, classified as follows:

1) specific findings of not or partially fulfilled requirements; and
2) recommendations to improve the information for use and the processes.

The evaluation should close with a clear statement of the suitably qualified and experienced person whether a claim of fulfilment of requirements may be made or not, together with the scope of this claim (information for use, validity period, and organization).

A.4.2 Evaluation of similar information for use (conferrable evaluations)

Information for use should be evaluated. Information products which are similar in layout to already successfully evaluated information products may be assumed to fulfil the requirements of this document if:

a) an adequate evaluation is performed for every part of the information for use of each supported product, for correctness and comprehensiveness;

b) the processes established by the organization to prepare information for use have been evaluated as satisfactory;

c) the layout (of pages and text) is secured by an automated layout process; and

d) the layout of an adequate sample of similar information products has been evaluated.

It is not necessary to evaluate the layout of every single information product if the layout is secured by an automated layout process. In this case the layout of an adequate sample of similar information products should be evaluated.

Bibliography

[1] IEC 60050-151:2001, *International Electrotechnical Vocabulary – Part 151: Electrical and magnetic devices* (available at http://www.electropedia.org)

[2] IEC 60050-651:2014, *International Electrotechnical Vocabulary – Part 651: Live working* (available at http://www.electropedia.org)

[3] IEC 60073, *Basic and safety principles for man-machine interface, marking and identification – Coding principles for indicators and actuators*

[4] IEC 60204-1, *Safety of machinery – Electrical equipment of machines – Part 1: General requirements*

[5] IEC 60335 (all parts), *Household and similar electrical appliances – Safety*

[6] IEC 60529, *Degrees of protection provided by enclosures (IP Code)*

[7] IEC 60848, *GRAFCET specification language for sequential function charts*

[8] IEC 61082-1:2014, *Preparation of documents used in electrotechnology – Part 1: Rules*

[9] IEC 61310-1, *Safety of machinery – Indication, marking and actuation – Part 1: Requirements for visual, acoustic and tactile signals*

[10] IEC 61355-1:2008, *Classification and designation of documents for plants, systems and equipment – Part 1: Rules and classification tables*

[11] IEC 61506, *Industrial-process measurement and control – Documentation of application software*

[12] IEC 62023, *Structuring of technical information and documentation*

[13] IEC 62507-1, *Identification systems enabling unambiguous information interchange – Requirements – Part 1: Principles and methods*

[14] IEC 62569-1, *Generic specification of information on products by properties - Part 1: Principles and methods*

[15] IEC 62744, *Representation of states of objects by graphical symbols*

[16] IEC 80416-1:2008, *Basic principles for graphical symbols for use on equipment – Part 1: Creation of graphical symbols for registration*

[17] IEC 81346-1:2009, *Industrial systems, installations and equipment and industrial products – Structuring principles and reference designations – Part 1: Basic rules*

[18] ISO 3864-2:2016, *Graphical symbols — Safety colours and safety signs — Part 2: Design principles for product safety labels*

[19] ISO 10377, *Consumer product safety – Guidelines for suppliers*

[20] ISO 10628-1:2014, *Diagrams for the chemical and petrochemical industry – Part 1: Specification of diagrams*

[21] ISO 10628-2:2012, *Diagrams for the chemical and petrochemical industry – Part 2: Graphical symbols*

[22] ISO 11429, *Ergonomics – System of auditory and visual danger and information signals*

[23] ISO 12100, *Safety of machinery – General principles for design – Risk assessment and risk reduction*

[24] ISO 14971, *Medical devices – Application of risk management to medical devices*

[25] ISO 15006, *Road vehicles – Ergonomic aspects of transport information and control systems – Specifications for in-vehicle auditory presentation*

[26] ISO 15519-1, *Specification for diagrams for process industry – Part 1: General rules*

[27] ISO 17100, *Translation services – Requirements for translation services*

[28] ISO 17842-1:2015, *Safety of amusement rides and amusement devices – Part 1: Design and manufacture*

[29] ISO/DIS 20607:2018, *Safety of machinery – Instruction handbook – General drafting principles* [1]

[30] ISO 31000, *Risk management – Guidelines*

[31] ISO 5963, *Documentation – Methods for examining documents, determining their subjects, and selecting indexing terms*

[32] ISO 639-2, *Codes for the representation of names of languages – Part 2: Alpha-3 code*

[33] ISO 704, *Terminology work – Principles and methods*

[34] ISO 7731, *Ergonomics – Danger signals for public and work areas – Auditory danger signals*

[35] ISO 9000, *Quality management systems – Fundamentals and vocabulary*

[36] ISO 9186 (all parts), *Graphical symbols – Test methods*

[37] ISO 9241-210:2010, *Ergonomics of human-system interaction – Part 210: Human-centred design for interactive systems*

[38] ISO Guide 73, *Risk management – Vocabulary*

[39] ISO 9241-940:2017, *Ergonomics of human-system interaction – Part 940: Evaluation of tactile and haptic interactions*

[40] ISO/IEC 25041:2012, *Systems and software engineering – Systems and software Quality Requirements and Evaluation (SQuaRE) – Evaluation guide for developers, acquirers and independent evaluators*

---

1 Under preparation. Stage at the time of publication: ISO/DIS 20607:2018.

[41] ISO/IEC 26514, *Systems and software engineering – Requirements for designers and developers of user documentation*

[42] ISO/IEC 27002, *Information technology – Security techniques – Code of practice for information security controls*

[43] ISO/IEC 33001, *Information technology – Process assessment – Concepts and terminology*

[44] ISO/IEC 40500:2012, *Information technology – W3C Web Content Accessibility Guidelines (WCAG) 2.0*

[45] ISO/IEC 80000 (all parts), *Quantities and units*

[46] ISO/IEC Guide 14:2018, *Products and related services – Information for consumers*

[47] ISO/IEC Guide 37, *Instructions for use of products by consumers*

[48] ISO/IEC Guide 51:2014, *Safety aspects – Guidelines for their inclusion in standards*

[49] ISO/IEC Guide 71, *Guide for addressing accessibility in standards*

[50] ISO/IEC Guide 74, *Graphical symbols – Technical guidelines for the consideration of consumers' needs*

[51] ISO/IEC/IEEE 15288, *Systems and software engineering – System life cycle processes*

[52] ISO/IEC/IEEE 15289:2017, *Systems and software engineering – Content of life-cycle information items (documentation)*

[53] ISO/IEC/IEEE 23026, *Systems and software engineering – Engineering and management of websites for systems, software, and services information*

[54] ISO/IEC/IEEE 26511, *Systems and software engineering – Requirements for managers of information for users of systems, software, and services*

[55] ISO/IEC/IEEE 26513, *Systems and software engineering – Requirements for testers and reviewers of information for users*

[56] ISO/IEC/IEEE 26515:2018, *Systems and software engineering -- Developing information for users in an agile environment*

[57] ISO/IEC/IEEE 26531, *Systems and software engineering – Content management for product life-cycle, user and service management documentation*

[58] ISO TR 16352, *Road vehicles – Ergonomic aspects of in-vehicle presentation for transport information and control systems – Warning systems*

[59] IEC Guide 108, *Guidelines for ensuring the coherency of IEC publications – Application of horizontal standards*